军迷·武器爱好者丛书

坦克

张学亮 / 编著

辽宁美术出版社

前 言
Foreword

坦克，即全履带式装甲战斗车，是现代陆上作战的主要武器，具有直射火力、越野能力和装甲防护力的履带式装甲战斗车辆。

坦克是英语"Tank"的音译，本意为"大水箱"。因为战车制造是在极为机密的情况下进行的，当时参与建造的工人误以为他们在建造军舰上装淡水的大水箱，而且英国军方在1915年首次使用坦克作战之前为了对外保密，在送往战场的战车上贴上了"Tank"字样的标签，并对外宣称它们是盛载水和食物的容器，该名称便一直沿用至今。

坦克作为一种复杂的战斗机器，由武器系统、动力装置、防护系统、通信设备、电气设备及其他特种设备和装置组成。发展到现代，坦克大多是传统车体与单个旋转炮塔的组合体，里面一般配置驾驶员、车长、炮长和装弹手。

按主要部件的安装部位，坦克通常划分为操纵、战斗、动力－传动和行动4个部分。

操纵部分(驾驶室)通常位于坦克前部，内有操纵机构、检测仪表、驾驶椅等。

战斗部分(战斗室)位于坦克中部，一般包括炮塔、炮塔座圈及其下方的车内空间，内有坦克武器、火控系统、通信设备、三防装置、灭火抑爆装置和乘员座椅，炮塔上装有高射机枪、抛射式烟幕装置等。

动力－传动部分(动力室)通常位于坦克后部，内有发动机及其辅助系统、传动装置及其控制机构、进排气百叶窗等。

行动部分位于车体两侧翼板下方，有履带推进装置和悬挂装置等。坦克是采用履带而非车轮行走的。因为坦克很重，如果改用车轮，那么车轮与地面的接触面积就会很小，开在田野上很容易陷进去。然而安上履带，轮子在履带里滚动，遇到沙地、雪地和泥地，宽宽的履带把坦克的重量分散了，车轮就像走在平坦的路上一样方便。

这是一般的位置设置，当然也有例外。比如有的坦克将发动机横置，有的坦克将动力－传动装置布置在车体前部，也有的坦克既用履带行驶又用负重轮行驶。

坦克的设计主要分火力、防护力及越野力3个方面：火力是指识别、交战及毁灭目标的能力，火力的强弱主要取决于坦克的观瞄系统、火炮威力和弹药的威力；防护力是指利用其装甲，从而对敌军发现、击中、破坏具有极强的忍耐力；越野力指对战场上多种不同地形的适应能力及战略上的运送能力。

另外，坦克作为一种巨型装甲车，在设计中还有对战场上敌军士兵的心理压力。

坦克按战斗全重和火炮口径的大小可分为轻型、中型、重型三种。20世纪60年代以来，许多国家将坦克按用途分为主战坦克和特种坦克。主战坦克是现代装甲兵的主要战斗兵器，用于完成多种作战任务。特种坦克是装有各种特殊设备、担负专门任务的坦克，如侦察、空降、喷火、扫雷和水陆两用坦克等。

另外，按能量传递形式，坦克又可分为机械传动装置、液体传动装置和电力传动装置3类。

由于坦克的这些性能，在未来地面作战中，它仍将是重要的突击兵器，许多国家正积极利用最新科技成就，发展各种新型坦克。有鉴于此，我们编著了这本"军迷·武器爱好者丛书"《坦克》，简明扼要地介绍了100种坦克的历史及其特点，以满足广大军迷的探求兴趣。

目 录 Contents

坦克的历史 / 8

"马克"Ⅰ型坦克（英国）/ 16

"雷诺"FT-17轻型坦克（法国）/ 18

FCM-2C重型坦克（法国）/ 20

A7V坦克（德国）/ 22

"菲亚特"2000重型坦克（意大利）/ 24

PzKpfw 35（t）坦克（德国）/ 26

PzKpfw 38（t）坦克（德国）/ 28

一号坦克（德国）/ 30

二号坦克（德国）/ 32

三号坦克（德国）/ 34

四号坦克（德国）/ 36

"黑豹"坦克（德国）/ 38

"虎"式坦克（德国）/ 40

"虎王"坦克（德国）/ 42

"鼠"式坦克（德国）/ 44

T-26轻型坦克（苏联）/ 46

BT-2快速坦克（苏联）/ 48

BT-5快速坦克（苏联）/ 50

BT-7快速坦克（苏联）/ 52

T-34 中型坦克（苏联）/ 54

KV-1 重型坦克（苏联）/ 56

KV-2 重型坦克（苏联）/ 58

IS-1 重型坦克（苏联）/ 60

IS-2 重型坦克（苏联）/ 62

IS-3 重型坦克（苏联）/ 64

89 式中型坦克（日本）/ 66

94 式超轻坦克（日本）/ 68

95 式轻型坦克（日本）/ 70

97 式中型坦克（日本）/ 72

M2 轻型坦克（美国）/ 74

M3 轻型坦克（美国）/ 76

M3 中型坦克（美国）/ 78

M4 中型坦克（美国）/ 80

M24 轻型坦克（美国）/ 82

M26 重型坦克（美国）/ 84

"玛蒂尔达"系列步兵坦克（英国）/ 86

"十字军"系列巡洋坦克（英国）/ 88

"克伦威尔"系列巡洋坦克（英国）/ 90

"彗星"巡洋坦克（英国）/ 92

"丘吉尔"步兵坦克（英国）/ 94

"谢尔曼·萤火虫"中型坦克（英国）/ 96

"雷诺" R-35 轻型坦克（法国）/ 98

"夏尔" B-1 重型坦克（法国）/ 100

"索玛" S-35 中型坦克（法国）/ 102

CV33 / 35 / 38 超轻坦克（意大利）/ 104

M11 / 39 中型坦克（意大利）/ 106

L6/40 轻型坦克（意大利） / 108

7TP 轻型坦克（波兰） / 110

L-60 轻型坦克（瑞典） / 112

M-42 中型坦克（瑞典） / 114

"突朗"系列中型坦克（匈牙利） / 116

"公羊"系列巡洋坦克（加拿大） / 118

"哨兵"巡洋坦克（澳大利亚） / 120

T26E4 中型坦克（美国） / 122

M46 中型坦克（美国） / 124

M47 中型坦克（美国） / 126

M48 中型坦克（美国） / 128

M60 中型坦克（美国） / 130

M41 轻型坦克（美国） / 132

M551 轻型坦克（美国） / 134

T-44 中型坦克（苏联） / 136

T-54/55 主战坦克（苏联） / 138

T-62 主战坦克（苏联） / 140

T-64 主战坦克（苏联） / 142

T-72 主战坦克（苏联） / 144

T-80 主战坦克（苏联） / 146

"豹"Ⅰ主战坦克（德国） / 148

"豹"Ⅱ主战坦克（德国） / 150

"征服者"重型坦克（英国） / 152

"百夫长"主战坦克（英国） / 154

"酋长"主战坦克（英国） / 156

AMX-13 轻型坦克（法国） / 158

AMX-30 主战坦克（法国） / 160

61式中型坦克（日本）/ 162

74式主战坦克（日本）/ 164

90式主战坦克（日本）/ 166

"天马虎"系列主战坦克（朝鲜）/ 168

"暴风虎"主战坦克（朝鲜）/ 170

S型主战坦克（瑞典）/ 172

"梅卡瓦"主战坦克（以色列）/ 174

"艾布拉姆斯"系列主战坦克（美国）/ 176

"黑鹰"主战坦克（俄罗斯）/ 178

T-90主战坦克（俄罗斯）/ 180

T-14主战坦克（俄罗斯）/ 182

"挑战者"Ⅰ主战坦克（英国）/ 184

"挑战者"Ⅱ主战坦克（英国）/ 186

"勒克莱尔"主战坦克（法国）/ 188

K1主战坦克（韩国）/ 190

K2主战坦克（韩国）/ 192

10式主战坦克（日本）/ 194

C1"公羊"主战坦克（意大利）/ 196

"豹"ⅡA6主战坦克（德国）/ 198

"豹"ⅡA7主战坦克（德国）/ 200

T-84-120主战坦克（乌克兰）/ 202

"克恩"-2.120主战坦克（乌克兰）/ 204

"萨布拉"主战坦克（以色列）/ 206

"号角"系列主战坦克（南非）/ 208

EE-T1主战坦克（巴西）/ 210

"阿琼"主战坦克（印度）/ 212

PL-01隐形坦克（波兰）/ 214

坦克的历史

首辆坦克的诞生

1914年10月,第一次世界大战中的欧洲战场陷入了僵局。当时,交战双方为突破由堑壕、铁丝网、机枪火力点组成的防御阵地,打破阵地战的僵局,迫切需要研制一种火力、越野、防护三者有机结合的新式武器,能够在遍布铁丝网的战场上开辟道路、翻越壕沟,并能摧毁和压制机枪火力的装甲车。

这时,正在英国远征部队服役的斯温顿中校在一起意外中发现,如果在拖拉机上装载火炮或机枪,它就能成为满足上述需求的新式武器,甚至有可能在战场上所向披靡。

斯温顿提出了研制新式武器的建议,但当时的英国陆军高层对此毫无兴趣。时任英国海军大臣的丘吉尔闻讯,却如获至宝,马上下令组建"陆地战舰委员会",亲自领导"陆地战舰"的研制工作。

▲ 第一次世界大战时的"马克"Ⅰ型坦克

▲ 英国"马克"Ⅰ型"雄性"坦克,摄于1916年9月26日

▲ "马克"ⅠⅩ型坦克

▲ "马克"Ⅳ型"雄性"坦克

▲ 涂上迷彩的英国"马克"Ⅰ型坦克

　　1915年2月，英国政府最终采纳了斯温顿的建议，利用汽车、拖拉机、枪炮制造和冶金技术开始研制这种秘密武器，为了保密，当时对参与建造的工人宣称建造的是军舰上装淡水的大水箱，即"Tank"。

　　1915年9月，样车制成，随后进行了首次试验并获得成功。样车被称为"小游民"，全重18.29吨，装甲厚度为6毫米，配有1挺7.7毫米"马克沁"重机枪和几挺7.7毫米"刘易斯"重机枪，发动机功率为77.16千瓦，最大时速3.2千米，能越壕1.2米，通过0.3米高的障碍物。

　　次年，英国便生产出了"马克"Ⅰ型坦克，其外廓呈菱形，刚性悬挂，车体两侧履带架上有突出的炮座，两条履带从顶上绕过车体，车后伸出一对转向轮。该坦克乘员8人，有"雄性"和"雌性"两种："雄性"装有2门57毫米口径火炮和4挺机枪，"雌性"仅装5挺机枪。

　　1916年9月15日，有49辆"马克"Ⅰ型坦克首次投入索姆河战役，但因为各种原因，只有18辆真正投入了战斗。它们不怕枪弹，靠履带行走，能越障跨壕，很快就突破了德军的防线。它们的出现，开辟了陆军机械化的新时代。

早期坦克的研制

到了 1918 年，法国研制出了"雷诺"FT-17 轻型坦克，亦在第一次世界大战中立下战功。

随后，德、美、苏各国也积极研制这种装甲战车。当时的坦克结构形式多样，有固定的顶置炮塔或侧置炮座，也有旋转式炮塔或无炮塔结构，装有 37 毫米 ~75 毫米口径的短身管、低初速火炮和数挺机枪，或仅装机枪。坦克转向，有的靠离合器和制动器系统，有的靠与两条履带分别联动的辅助变速箱或电动机，有的由两套发动机变速箱组分别驱动两条履带，靠变换两条履带速比转向。

当时，坦克战斗全重 7 吨 ~28 吨，功率比重量为 2.6 千瓦 / 吨 ~4.8 千瓦 / 吨，最大行程 35 千米 ~64 千米，装甲厚度 5 毫米 ~30 毫米，配备机枪及小口径火炮，多进行追击及长距离侦察任务。

▲ 1918 年 7 月 14 日，被澳大利亚军队俘获的德军坦克

▲ A7V 坦克

▲ 一辆法军的"雷诺"FT-17 轻型坦克

▲ 法国"施耐德"CA1坦克

这些早期坦克，主要用于与敌方坦克和其他装甲车辆作战，并且可以摧毁野战工事，从而歼灭敌人有生力量。

不过，由于当时技术水平的限制和生产设备简陋，坦克结构形式虽然多种多样，但性能较为低下，其火力主要用于歼灭有生力量，装甲只能防御枪弹和炮弹破片，没有无线电通信设备和光学观察瞄准仪器，行驶颠簸，速度缓慢，机械故障频繁，乘员工作条件恶劣。

因此，早期的坦克只能用于引导步兵完成战术突破，不能向纵深扩张战果。

中期坦克的发展

在两次世界大战之间，各国对坦克战术与技术发展思想进行了探索和实验，从而研制、装备了多种类型的坦克。

第二次世界大战爆发后，随着坦克技术的提升，并伴随着坦克作战思路的改变，世界各国陆军进入了机械化的新时期，对军队作战行动产生了深远的影响，其中以德国、苏联、英国、美国为主要代表。

在技术发展的基础上，轻型、超轻型坦克曾盛行一时，在结构上还出现了能用履带和车轮互换行驶的轮胎－履带式轻型坦克，水陆两用超轻型坦克和多炮塔的中型、重型坦克。在整个二战期间，交战双方生产了约 30 万辆坦克和自行火炮。

大战初期，德国首先集中使用大量坦克并且实行闪击战。德国将军古德里安是机械化作战思想及战术的早期实践者。二战时，德国的"虎"式坦克拥有火力强大的 88 毫米 KwK 36L/56 战车炮（L/56 指炮管长度为口径的 56 倍），令同盟国军队坦克无法招架。

大战中后期，在苏德战场上曾多次出现有数千辆坦克参加的大会战；在北非战场以及远东战役中，也有大量坦克参战。

尤其在诺曼底登陆战役中，德军的魏特曼上尉驾驶"虎"式坦克损毁了英军 25 辆坦克、14 辆半履带车和 14 辆"布伦"通用载具。"虎"式坦克的作战能力可见一斑。

在著名的库尔斯克会战中，德军出动了 2928 辆坦克，苏军则出动了 5128 辆坦克投入战斗。由此可见，与坦克作战已成为坦克的首要任务。

与早期的坦克相比，这一时期的坦克战术、技术性能有了明显提高：战斗全重 9 吨 ~82 吨，单位功率为 5.1 千瓦 / 吨 ~13.2 千瓦 / 吨，最大速度 20 千米 / 小时 ~51 千米 / 小时，最大装甲厚度 25 毫米 ~160 毫米，炮弹初速 610 米 / 秒 ~1128 米 / 秒，发射穿甲弹能穿透 40 毫米 ~249 毫米厚的钢装甲。

有的坦克为增强支援火力，还安装了 75 毫米或 76 毫米口径的短身管榴弹炮，直至发展为将小口径加农炮、中口径榴弹炮和数挺机枪集于一车的多武器、多炮塔坦克。

▲ "陆地巡洋舰" T-35

▲ 第二次世界大战中的德军装甲部队

▲ 越过阿登山区的德军装甲部队

▲ 苏、德库尔斯克坦克大战

更重要的是，这时坦克开始采用望远式和潜望式光学观察瞄准仪器、炮塔电力或液力驱动装置、坦克电台、转向离合器或简单差速器式转向机构和平衡式悬挂装置。

后来出现的反坦克炮，它的炮身长、初速大、直射距离远、发射速度快、穿甲效力强，大多属加农炮或无坐力炮类型，一般使用破甲弹等；兼有其他作战任务的，还配有榴弹，主要用于打击坦克和其他装甲目标的火炮。反坦克炮的弹道弧度很小，一般对目标进行直接瞄准和射击。但因其方向射界小、火力越野性较差、突击作战能力弱，仅用于伴随坦克作战，以火力支援坦克行动。

在第二次世界大战中，坦克经受了各种复杂条件下的战斗考验，成为地面作战的主要突击兵器。与此同时，二战时期坦克研发技术不断进步。比如德国研发出世界上最重的坦克——"鼠"式坦克。它重达188吨，车长9米，高3.66米，宽3.67米，正面装甲厚达200毫米，能爬30°斜坡，跨越4.5米壕沟，攀登0.72米的垂直障碍，并能涉2米深的水，有8名乘员。坦克上装有1门128毫米口径火炮、1门75毫米口径火炮和1挺机枪。

坦克的现状与展望

第二次世界大战硝烟散尽，但战后的一些局部战争大量使用坦克的战例和许多国家的军事演习表明，坦克在现代高技术战争中仍将发挥重要作用，因此各国对坦克的设计和研制均未止步。

二战后至20世纪50年代，苏、美、英、法等国借鉴大战使用坦克的经验，设计制造了新一代坦克。20世纪60年代开始，各国将原来的轻型、中型、重型坦克重新分类。

轻型坦克重13吨~23.5吨，最大速度50千米/小时~64千米/小时，主要用于侦察、警戒，也可用于特定条件下作战。轻型坦克是相对于传统中型和重型坦克而言的，是外形小、重量轻、速度快、通行性高的战斗坦克。

这一时期新出现的轻型坦克主要是美国 M551 轻型坦克，装有口径为 152 毫米的短身管两用炮，可发射普通炮弹和"橡树棍"反坦克导弹，采用铝合金装甲车体，战斗全重 16 吨，能空投、空运和利用折叠式围帐浮渡，最大速度 36 千米 / 小时 ~70 千米 / 小时。

20 世纪 60 年代生产的一批战斗坦克，火力和综合防护能力达到或超过了以往重型坦克的水平，同时克服了重型坦克越野性能差的弱点，从而停止了传统意义的重型坦克的发展，形成一种具有现代特征的战斗坦克，即主战坦克。

20 世纪 70 年代以来，现代光学、电子计算机、自动控制、新材料、新工艺等取得迅猛发展，这些成果也日益广泛地应用于坦克的设计和制造，在优先增强火力的同时，较均衡地提高越野和防护性能，使坦克的总体性能有了显著提高，更加适应现代战争要求。

这一时期的主战坦克，其火力性能、越野性能和防护性能虽有显著提高，但重量和车宽已接近铁路运输和桥梁承载允许的极限，且受地形条件限制大，使之对工程、技术、后勤保障的依赖性增大。由于新部件日益增多，坦克的结构日趋复杂，成本和保障费用也大幅度提高。

进入 20 世纪 80 年代，为了更好地发挥坦克的战斗效能、降低成本，各国在坦克的研制中，越来越重视采用系统工程方法进行设计，努力控制坦克重量，并提高整车的可靠性、有效性、维修性和耐久性。

20 世纪 80 年代以后，出现了目前世界上最先进的主战坦克。这些坦克的战斗全重一般为 40 吨 ~60 吨，越野速度 35 千米 / 小时 ~55 千米 / 小时，发动机功率 427 千瓦 ~610 千瓦，单位功率 9 千瓦 / 吨 ~15.4 千瓦 / 吨，最大速度 48 千米 / 小时 ~72 千米 / 小时，最大行程 300 千米 ~600 千米，载有 3 名 ~ 4 名乘员。坦克的主要武器是 1 门 105 毫米 ~155 毫米口径加农炮，直射距离一般在 1800 米 ~2000 米，射速每分钟 7 发 ~10 发，弹药基数为 42 发 ~65 发。

现代坦克通常采用复合装甲或贫铀装甲，部分还可以披挂外挂式反应装甲，并多数装备了导航系统、敌我识别系统、夜战系统以及三防系统 (防核 / 防化学 / 防生物)。

现代坦克的主要技术特征：

普遍采用脱壳穿甲弹、空心装药破甲弹和碎甲弹，火炮双向稳定器、光学测距仪、红外夜视夜瞄仪器，大功率柴油机或多种燃料发动机、双功率流传动装置、扭杆式独立悬挂装置、三防装置和潜渡装置；降低了车高，改善了防弹外形；有的安装了激光测距仪和机电模拟式弹道计算机。比如苏联的 T-62 主战坦克开始采用滑膛炮，发射尾翼稳定炮弹；英国的"酋长"式坦克为了控制车高，驾驶员

▲ 美国 M551 轻型空降坦克

▲ 法国"勒克莱尔"主战坦克

▲ 美国 M60A1 装甲架桥车

呈半仰卧状态操纵车辆；瑞典的"S"型坦克去掉了传统的旋转炮塔，火炮与车体刚性固定，并采用自动装弹机和自动抛壳机，以及柴油机与燃气轮机组合的动力装置和可以调节车高、车姿的液气式悬挂装置。

各国发展的主战坦克都优先增强火力，但在处理越野和防护性能的关系上，反映了设计思想的差异。如法国 AMX-30 主战坦克偏重于提高越野性能；英国"酋长"坦克偏重于提高防护性能；而苏、美等国的坦克，则同时相应提高行走和防护性能。

坦克与坦克、坦克与反坦克武器的激烈对抗，促进了中型、重型坦克技术的迅速发展，坦克的结构形式趋于成熟，火力、行驶、防护三大性能全面提高。20 世纪 80 年代的中型和重型坦克，战斗全重 36 吨~70 吨，火炮口径为 90 毫米~130 毫米，车首上装甲厚度 76 毫米~300 毫米，前部装甲厚度 110 毫米~250 毫米，最大行程 100 千米~500 千米。有的坦克配备了旋转稳定式超速脱壳穿甲弹、破甲弹和碎甲弹，开始采用火炮双向稳定器、红外夜视仪、合像式或体视式光学测距仪、机械模拟式弹道计算机、三防装置、自动灭火装置和潜渡装置。

可以预测，新型主战坦克的摧毁力、生存力和适应性将有较大幅度的提高。这也同时是坦克未来的发展方向。主战坦克的战斗全重一般为 40 吨~70 吨。从 20 世纪 80 年代开始，各国主战坦克的重量有快速飙升的趋势。主战坦克火炮口径多为 105 毫米以上，典型型号如苏联的 T-72、德国的"豹"Ⅱ、美国的 M1"艾布拉姆斯"等。

▲ 德国"豹"Ⅱ A4 型主战坦克

MARK I
"马克"Ⅰ型坦克（英国）

■ 简要介绍

"马克"Ⅰ型坦克由英国研制并在第一次世界大战中于英国军队服役，是世界上第一种正式用于实战的坦克。该坦克于1916年8月开始服役，并于1916年9月15日首次参加索姆河战役。它的主要作用是破坏战场上的铁丝网、越过战壕、抵御小型武器的射击。

■ 研制历程

1915年夏天，英国的威尔逊中尉及斯温顿中校在研制作"小威利"（"小游民"）战车后，发现其未能满足作战要求，特别是跨越战壕的能力不足。

为满足作战要求，威尔逊设计了一辆以菱形为整体构形的战车，并于1915年12月成功制成试验车。到1916年年初，该战车通过所有测试，丘吉尔为了不让德方察觉这一新式武器，于是便用"大水箱"（Tank）这一海军术语为这个新式武器命名。

正式生产的第一辆战车被命名为为"马克"Ⅰ型坦克，此后，"坦克"这个名词开始广泛使用。

"马克"型坦克因为被赋予的任务不同，没有装备火炮只配有机枪的坦克被称为"雌性"坦克，装备火炮也配有机枪的坦克被称为"雄性"坦克。

基本参数

车长	9.9米
车宽	4.25米
车高	2.4米
车重	28吨
装甲厚度	8毫米~10毫米

■ 实战表现

"马克"Ⅰ型坦克在1916年8月开始服役。1916年9月15日，49辆"马克"Ⅰ型坦克首次参加索姆河战役，它们不怕枪弹、越障跨壕，很快就突破了德军的防线。之后它们也屡立战功，因此在一战期间，英国的宣传部门经常将坦克形容为"神奇武器"，称它们"可以令战事缩短"。

知识链接 >>

关于"坦克"这一名称的由来说法很多，其中最广泛的一个说法是丘吉尔为了保密起见，以"大水箱"作为伪装；还有一种说法是，当这种新式武器被发明后，有个人嘲笑说它像个大水箱，没想到这个名称便从此传开了，"马克"Ⅰ型坦克也就此成为坦克鼻祖。

▲ 英国"马克"Ⅰ型坦克

RENAULT FT-17

"雷诺" FT-17 轻型坦克（法国）

■ 简要介绍

"雷诺" FT-17 坦克是法国在第一次世界大战期间生产的轻型坦克，其奠定了如今坦克的基本结构，可以说是世界旋转炮塔坦克的始祖。它从 1918 年服役到 1944 年，长达 26 年，不仅在一战中立下战功，而且在二战中也有它的身影，属于坦克家族中的"元老"，作为一代著名战车而被载入世界坦克发展史。

■ 研制历程

1916 年 2 月，法国雷诺汽车公司制成了一种轻型坦克的模型。1917 年，制造出第一辆样车，同年 4 月 9 日开始官方试验，取得成功。1917 年 9 月，生产出第一批生产型坦克，定名为"雷诺" FT-17 轻型坦克。

"雷诺" FT-17 坦克可以说达到了很好的平衡。它先进的地方是其炮塔位于车体前部，也是全车的制高点，可以 360° 旋转，使车的视界非常开阔，提高了坦克的反应速度。但美中不足的是其尺寸太小，不得不为跨越壕沟而加了一个特别的尾部，其巨大的前轮也有利于跨越障碍。

基本参数

车长	5 米
车宽	1.74 米
车高	2.14 米
车重	7 吨
装甲厚度	6 毫米~22 毫米
最大速度	20 千米/小时
最大行程	35 千米

■ 实战表现

1918 年 5 月 31 日，"雷诺" FT-17 坦克第一次参加的战斗是雷斯森林防御战。在第二次世界大战时，"雷诺" FT-17 坦克仍参加了多次战役。到 1940 年德军入侵法国时，法军还有 1560 辆"雷诺" FT-17 坦克。这些坦克大部分被德军缴获，被用作固定火力点或用于警卫勤务，直到 1944 年德军被逐出法国全境为止。

▲ "雷诺"FT-17坦克

知识链接 >>

1915年年底，雷诺公司就接到了设计任务，但由于害怕风险，其以没有装甲车辆制造经验为由加以拒绝，在总参部委托的埃斯顿上校的努力下，方才同意研制战车。但因受官僚作风的影响，直到1917年3月第一辆原型车才开始测试，幸好测试证明它非常成功，其设计中包含许多创新，重要的一条就是可以用人力对炮塔进行旋转。

FCM-2C 重型坦克（法国）

■ 简要介绍

1916 年，法国埃斯蒂安将军着手研究一种法国陆军所缺乏的重型坦克，这项研究产生了巨无霸——70 吨重的 FCM-2C 重型坦克，它是名副其实的"陆地战列舰"。这种庞然大物共制造了 10 辆，但因"出生"太晚而未能赶上一战，到了二战时又已经过时了，真可谓生不逢时。

■ 研制历程

1916 年，以法国埃斯蒂安将军为首的委员会着手研究一种陆军所缺乏的重型坦克。12 月 1 日，地中海冶金和造船厂（FCM）研制出原型车。后来通过测试定型，该坦克被命名为 FCM-2C。

FCM-2C 这辆巨无霸，炮塔里装有 1 门 75 毫米口径火炮和 1 挺机枪，车体里还有 3 挺机枪，机枪口径均为 8 毫米，需要不少于 12 名分工不同的乘员操作。战斗时，坦克一次共可携带 124 发 75 毫米炮弹和 9500 发 8 毫米口径机枪弹，有令人满意的弹药储备。

基本参数	
车长	10.27 米
车宽	2.95 米
车高	4.01 米
车重	70 吨
装甲厚度	13 毫米~45 毫米
最大速度	15 千米/小时
最大行程	150 千米

■ 实战表现

FCM-2C 被设计用来突破德国的混凝土工事，但由于一战结束便没有机会一试身手。1921 年，10 辆 FCM-2C 坦克才交付法国陆军，之后度过了长期和平的日子。1939 年，战争爆发时，第 511 坦克团改为第 511 坦克营集群，此时，只有 7 辆 FCM-2C 坦克可以作战使用。经过维修后，它们进行了壮观的演示：越壕、翻山、涉水，尽管体态庞大，但其多炮塔、无死角设计，多次展现了良好的可操纵性。

知识链接 >>

由于战略撤退，法军最终决定烧毁运输困难的 FCM-2C 重型坦克。而 99 号 FCM-2C 重型坦克是唯一被追击的德军完整带回柏林的。二战结束时，该坦克被苏联军队获得，现在应该还"健在"。

▲ 士兵们与 FCM-2C 重型坦克合影

A7V 坦克（德国）

■ 简要介绍

A7V 坦克作为德国的第一种坦克而被载入德国战车发展史史册。它的外形特征比第一次世界大战中任何的德国坦克都更接近于现代坦克：低于车体的履带，朝前的主炮，类似于岗亭的炮塔内四周有观察孔，这些设计思想都被后来的坦克设计者继承了。

■ 研制历程

1916 年 11 月，德军总参谋部提出了德国坦克的技术要求，委托第 7 交通处制订坦克的设计方案，并由此定名为 A7V（意思是"第 7 统战部交通分部"）。1917 年 1 月，工程师沃尔默完成了 A7V 坦克的设计。

A7V 坦克在设计和总体布置上有许多独到之处。它没有严格的战斗室，车体前部有火炮和 2 挺机枪，火力强大；发动机位于车体中部；车长和驾驶员席布置在发动机的上方，有固定的指挥塔，这使 A7V 的整车高度增加。

A7V 只用 1 名驾驶员开车，并采用了螺旋弹簧式悬挂装置，因此 A7V 驾驶和乘坐舒适性较"马克"Ⅰ型强；另外，它还有最先进的坦克通信功能。

基本参数

车长	7.35米~8米
车宽	3.1米~3.2米
车高	3.4米~3.5米
车重	30吨
装甲厚度	6毫米~30毫米
最大速度	9千米 / 小时~15千米 / 小时
最大行程	60千米~80千米

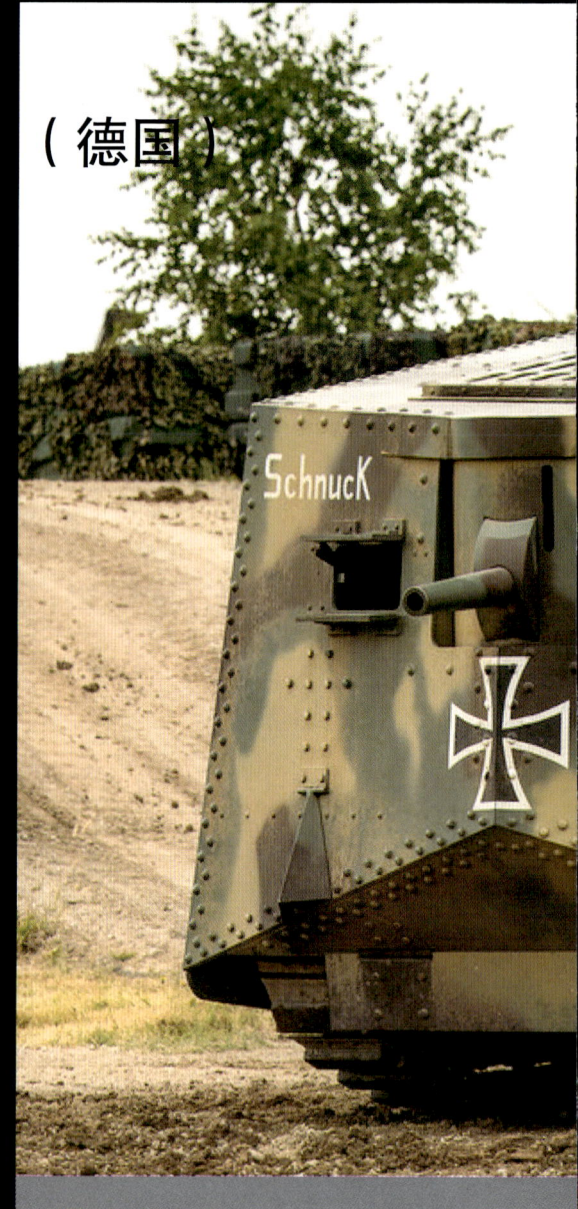

■ 实战表现

1918 年 4 月 24 日，德军 3 辆 A7V 坦克与英军的"马克"Ⅳ型坦克首次交锋，这是人类史上第一次坦克战。作战一开始，A7V 击伤 2 辆只装有机枪的英军"雌性"坦克，协约国军队随后调派了"雄性"坦克反击，并成功命中了 561 号坦克，德军另外 2 辆 A7V 及步兵被迫撤退。

知识链接 >>

A7V 坦克的乘员为 18 人的数据资料来自福斯（Foss）主编的《坦克装甲车辆百科全书》（英文版）。但另一个版本则给出了 23 名乘员的布置图，增加了副驾驶员、通信员、信号员、信鸽员和瞄准手。由此可见，A7V 坦克的乘员人数是不固定的，可在一定范围内浮动。

▲ 搭载士兵的 A7V 坦克

FIAT 2000
"菲亚特"2000 重型坦克（意大利）

■ 简要介绍

第一次世界大战催生了坦克这种新式武器，意大利人也不甘落后积极研制坦克。最终，意大利人竟然出人意料地设计、生产出"菲亚特"2000重型坦克，它的车型较好，很多设计独具匠心。

■ 研制历程

1915年10月，菲亚特公司和军方签订合同，设计和生产意大利的第一辆坦克。1917年1月，菲亚特技术总监卡洛·卡瓦利和阿奎拉的前汽车设计师朱利奥·塞萨尔·卡帕共同完成了设计，并将其命名为"菲亚特"2000。首辆样车于1917年6月交付，然后就是漫长的实验改进过程；1918年2月第二辆样车才完工。然后，整个项目到此为止。

"菲亚特"2000重型坦克最主要的特点首先是具有当时轻型坦克才有的旋转炮塔，从而使其火力范围非常惊人。其次，它的动力和传动舱与战斗室隔开，布置在战斗室下方，工作环境较好。另外，它的行走装置为每侧4个平衡式悬挂，每个悬挂上有2个带钢板减震的车轮。

基本参数	
车长	7.4米
车宽	3.2米
车高	3.8米
车重	38.78吨
装甲厚度	15毫米~20毫米
最大速度	7.5千米/小时
最大行程	75千米

■ 装备情况

"菲亚特"2000原本计划生产50辆，不过最终只有2辆样车被生产出来。这2辆样车，时速约7千米，最终被"舍弃"。

知识链接 >>

实际上,"菲亚特"2000重型坦克的旋转炮塔比"雷诺"FT-17轻型坦克出现得还早,但由于影响力有限,一般还是认为"雷诺"是第一种旋转炮塔坦克。

▲ "菲亚特"2000坦克

PzKpfw35（t）坦克（德国）

■ 简要介绍

1930年，捷克斯洛伐克以从英国购进的3辆"卡登－洛伊德"超轻型坦克为原型，先后研制成功LT-34轻型坦克和LT-35轻型坦克。1938—1939年德军攻占捷克斯洛伐克后，更名为PzKpfw35（t），括号中的"t"表示是从捷克斯洛伐克带走的坦克。

■ 装备性能

PzKpfw35（t）坦克乘员4人，装有1门37毫米口径火炮，炮弹的弹药基数为72发，弹种为穿甲弹和榴弹；辅助武器为1挺7.92毫米并列机枪、1挺7.92毫米前机枪，携机枪弹2550发。其变速箱有6个前进挡和6个倒挡；而且采用了气动换挡结构，这在其他坦克上是很少见到的，驾驶员操纵起来很省力。

基本参数	
车长	4.9米
车宽	2.1米
车高	2.35米
车重	10.5吨
装甲厚度	8毫米~35毫米
最大速度	35千米/小时
最大行程	190千米

■ 实战表现

PzKpfw35（t）型坦克性能可靠，在1938—1941年间德军装甲部队扩充壮大时期发挥过作用，曾参加了1939年德军闪击波兰和1940年的法国战役；1941年时，还出现在东线战场的巴巴罗萨行动中。从1941年年末，随着性能更加优良的坦克投入生产，该型坦克开始用于执行二线任务。

知识链接 >>

由于德国及其他各国对 LT-35 型坦克不断进行改造升级，产生了一系列衍生产品。衍生车辆包括轻型火炮牵引车、弹药运输车、火炮牵引车、47 毫米 43 倍径自行反坦克炮和指挥装甲车等。

▲ PzKpfw 35（t）坦克

PZKPFW38（T）
PzKpfw38（t）坦克 (德国)

■ 简要介绍

同PzKpfw35（t）坦克一样，PzKpfw 38（t）坦克其实就是原捷克斯洛伐克的LT-38轻型坦克。德军攻战捷克斯洛伐克后，没收了其生产中的150辆LT-38坦克，并重新命名为PzKpfw38（t）A型坦克，从此，它成为德军装甲部队装备的坦克中极为重要的一部分，并且保持生产直至1942年6月。

■ 研制历程

德军攻占捷克斯洛伐克后，将捷克斯洛伐克的LT-38改名为PzKpfw38（t）坦克。由于发现其采用的铆接结构，在被直接火力命中后，有装甲板脱落导致乘员死伤的风险，于是后期大量采用了焊接结构。一些早期型的坦克升级装甲，另外一些则换装德国造的37毫米口径火炮。

其最大的改变是由原型车的3名乘员改为4名乘员，换装了德国制造的电台和瞄准镜。还有部分的PzKpfw38（t）坦克安装了火焰喷射器以取代车体上本来装备的机枪，并由一辆油料补给拖车用橡皮管供给喷射器燃料。

该坦克的变速箱有5个前进挡和1个倒挡。发动机功率的提高，再加上对行动部分做了重大改进，使其机动性比先前有较大的提高。

基本参数

车长	13米
车宽	3.27米
车高	3.15米
车重	9.5吨
装甲厚度	10毫米~25毫米
最大速度	45千米/小时
最大行程	250千米

■ 实战表现

德军控制捷克斯洛伐克后，PzKpfw38（t）轻型坦克成为德军装甲部队的主力装备。此外，它还装备于很多其他轴心国军队，比如罗马尼亚、保加利亚、匈牙利等。它作为三号坦克产量不足的补充，在战争初期广泛应用于各个战场。不过，由于该型坦克在苏德战场对付苏联的重型坦克时显得力不从心，1942年之后便退出德军装甲部队主力编制。1944年8月，斯洛伐克起义军也广泛使用了缴获德军的该型坦克作战。

知识链接 >>

　　PzKpfw38（t）坦克除了本身的性能不错之外，德方还由于改装坦克的习惯，在其底盘上改造出"黄鼠狼"Ⅲ自行反坦克炮和自行高射炮；而且利用它制造出一系列变型车，在战场上发挥了不小的作用。其中最成功的，如"追猎者"坦克歼击车。

▲ PzKpfw 38（t）坦克

PZKPFW I
一号坦克（德国）

■ 简要介绍

一号坦克是德国于20世纪30年代初研制的一款轻型坦克，德文名称缩写为"PzKpfw I"，其官方军械署编号为Sd.Kfz.101，即"第101号特殊用途车辆"。

■ 研制历程

1933年，德军开始研制一种4吨~7吨的装甲车辆，为了不违反《凡尔赛和约》，便在官方设计书中将其伪装为一种轻型农用拖拉机。通过竞争，克虏伯公司的LKA1被选中，随后LKA1发展成为一号A型坦克的原型车——LKB1样车。德国军械署接受了LKB1样车，并给予制式编号批准量产。

1934年，一号坦克开始生产。一号坦克的诞生，使德军最高统帅部有机会测试新武器和闪电战术。二战初期，一号坦克参与了德国一连串闪击战。

基本参数	
车长	13米
车宽	3.27米
车高	3.15米
车重	9.5吨
装甲厚度	10毫米~25毫米
最大速度	45千米/小时
最大行程	250千米

■ 作战性能

一号坦克为轻型双人座坦克，车身装甲极为薄弱，且有许多明显的开口、缝隙以及缝合处，在舱盖完全闭合的情况下，车内成员的视野极为不佳，实际上车长大多探出炮塔以求更佳的视野。炮塔由手来转动，由车长负责操控炮塔上的两挺机枪，共携有1525发弹药。1941年后，其底盘被用于建造更新型的自行火炮和自行反坦克歼击车，通过升级改装，在西班牙军队中服役到1954年。

知识链接 >>

在系列改装中，一号坦克还有一种装备了 150 毫米 SLG 33 L / 11.4 重型火炮的变型车，采用 Ausf B 型的底盘，乘员仅由前部一个大的护盾保护，上方和后面都没有装甲。该变型车虽然仅在 1940 年 2 月由埃克特公司改装了 38 辆，却参加过法国、巴尔干和苏联战场的战斗。

▲ 行军中的一号坦克

PANZER II
二号坦克 (德国)

■ 简要介绍

二号坦克是德国曼（MAN）公司 1935 年生产的一种轻型坦克，制式编号 Sd.Kfz.121。首批生产的 25 辆称为 Ausf A1 型，之后又生产了改进的 Ausf A2 型、A3 型以及衍生的 Ausf C、Ausf D/E、Ausf F/G 等。部分二号坦克在诺曼底战役时仍在服役，甚至服役到了 1945 年。

■ 研制历程

1934 年，德国陆军部希望各军火商提供一种重量 10 吨以下、拥有 1 门 20 毫米口径机炮和 1 挺 7.92 毫米口径机枪的轻型坦克。根据这些要求，德国军器局于 1935 年向曼、克虏伯、亨舍尔公司发出了设计邀请。同年，三家公司都拿出了样车。曼公司最终中标，但军方规定曼公司必须在新坦克上安装克虏伯公司制造的炮塔。其后的开发工作由曼公司和戴姆勒－奔驰公司合作进行。

1935 年，第一批新型坦克出厂，同时它得到"二号坦克"的正式名称和制式编号 Sd.Kfz.121。该型坦克填补了坦克设计中的某些空白，在第二次世界大战中（特别是波兰战役与法国战役）扮演了一个很重要的角色。

基本参数	
车长	4.63 米～4.81 米
车宽	2.28 米～2.48 米
车高	2.02 米～2.21 米
车重	9.5 米～11.8 吨
装甲厚度	5 毫米～30 毫米
最大速度	40 千米/小时～60 千米/小时
最大行程	125 千米～290 千米

■ 实战表现

二号坦克比一号坦克大，但仍作为轻型训练坦克，由于三号和四号坦克生产的延误才投入了战斗，在波兰和法国战役中担任德军装甲师的主力。后来使用新式 C 型底盘进行了量产，并且在 1940 年西欧战役中装备了第 7 装甲师（隆美尔的"幽灵师"）的装甲工兵营。

知识链接 >>

　　1940年，德国为准备进攻英国的"海狮"登陆计划而开发了二号水陆坦克。"海狮计划"被无限搁置后，这些二号水陆坦克即配属到第18装甲师并与三号潜水坦克一起参加了进攻苏联的强渡布格河行动。后来还有了二号坦克的第三系列，即专用型坦克，包括"山猫"侦察坦克和二号喷火坦克等。

▲ 1940年，二号坦克在法国

PANZER III
三号坦克（德国）

■ 简要介绍

德国三号坦克是1935年研制的一种15吨重的新式中型坦克。研制人员将一种新型的装甲车装备了2挺MG34机枪和37毫米或50毫米口径火炮后改装为坦克。海因兹·古德里安为新组建的装甲师装备了大量的该型坦克。

■ 研制历程

1934年年初，德军古德里安将军要求陆军部草拟开发一种最大重量为24吨，最高行进速度为35千米/小时的中型坦克。戴姆勒－奔驰公司、克房伯公司、曼公司及莱茵金属公司生产了试验型坦克，并于1936年及1937年进行测试，最后戴姆勒－奔驰公司的产品被采用。

三号坦克由5人操作，包括指挥官、炮长、炮塔里面的装弹员和驾驶员，还有车辆前部的通信兵。全体乘员之间是通过内部通信联络系统联系的。三号坦克也成为第一辆在坦克内部装备通信联络系统来实现内部通信的坦克。

其主要武器为50毫米KwK 38 L/42或50毫米KwK 39 L/60炮，以及3挺7.92毫米MG34机枪，配有炮弹79发、机枪弹6450发。

基本参数

车长	5.52米（含火炮）
车宽	2.9米
车高	2.5米
车重	22吨
装甲厚度	10毫米~47毫米
最大速度	40千米/小时
最大行程	155千米

■ 实战表现

三号坦克是二战时德军第一种在火力、机动性、防护性方面达到平衡的坦克，因此成为德国闪电战时期的标志，在战争初期使用广泛。但战场经验证明了三号坦克的实力不如苏联的T-34中型坦克。因此三号坦克逐渐被强化后的四号坦克代替。

知识链接 >>

1942年，三号坦克N型终于面世，并装配了75毫米L/24火炮，但这种炮的速度较低，只可执行反步兵及近距离支援的任务。于是大多被装备到"虎"式坦克营，以保护"虎"式坦克，使其免遭他国步兵袭击。后来，德国在N型基础上改装出了不少变型车。

▲ 波兰战役中的三号坦克

PANZER IV
四号坦克（德国）

■ 简要介绍

四号坦克是德国在二战中生产的一种中型坦克。三号坦克的整体性能逐渐不能满足二战中期装甲战斗的需要，四号坦克因有较大的改良空间，而被改造成了主力突击坦克供装甲师使用，其因可靠的性能而被德军士兵称为"军马"。

■ 研制历程

1934年年初，古德里安希望德国厂商开发一款重24吨、最高速度35千米/小时、安装1门短管大口径炮的坦克。次年，克虏伯、莱茵金属及曼公司生产的3款试验型坦克开始进行测试，结果克虏伯公司的产品被采用，并以四号坦克A型的名称进行量产。

德国四号中型坦克装有1门75毫米口径的短管坦克火炮，使用高爆炮弹时，对步兵和敌方工事都具有很强的杀伤力。

同时，其底盘采用箱式构造。底盘前部为操纵装置；诱导轮动力轴突出在车体外的前后部，机动性较好。

四号中型坦克装备了车载无线电，当英、法、苏的坦克还要通过旗语进行指挥的时候，德军指挥官已经可以完成车内指挥和战术协同。

基本参数	
车长	5.87米~7.02米
车宽	2.83米~2.88米
车高	2.85米~2.68米
车重	17.7吨~25吨
装甲厚度	10毫米~30毫米
最大速度	40千米/小时
最大行程	300千米

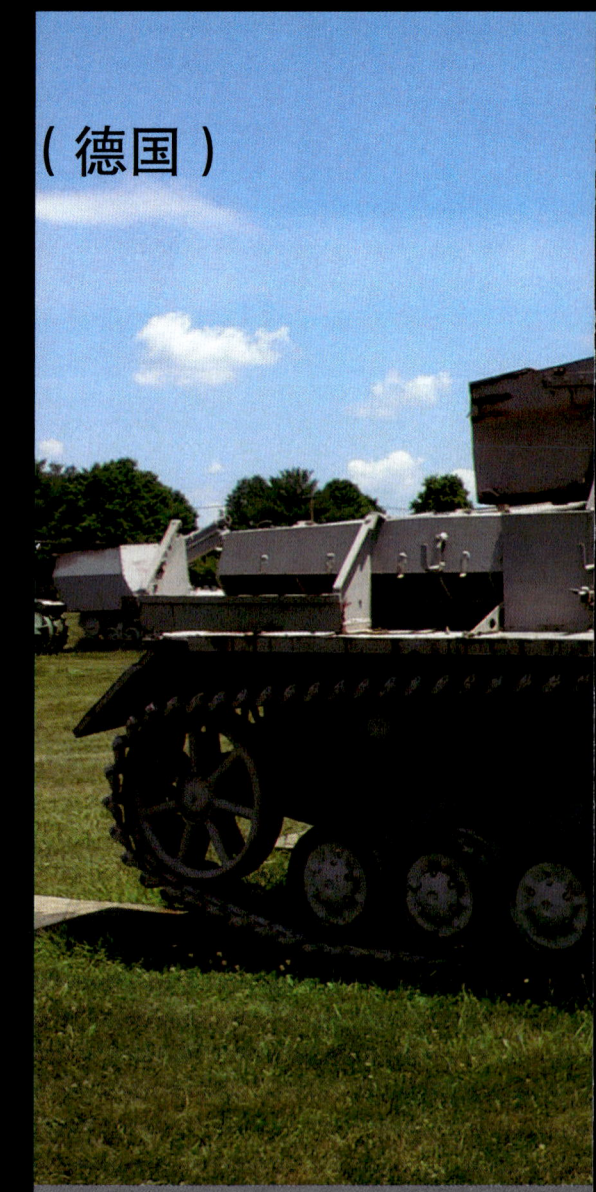

■ 实战表现

1944年2月7日，德军第5装甲师剩下的几辆四号中型坦克率先尝试突破"切尔卡瑟口袋"，在突围的过程中，坦克部队指挥官库尔特·舒马赫命令2辆四号中型坦克进行反击。在与苏军坦克的作战中，四号中型坦克共毁坏了8辆苏联T-34坦克。在接下来的日子里，舒马赫率领坦克部队与苏军装甲部队作战，最终毁坏了21辆苏联坦克。

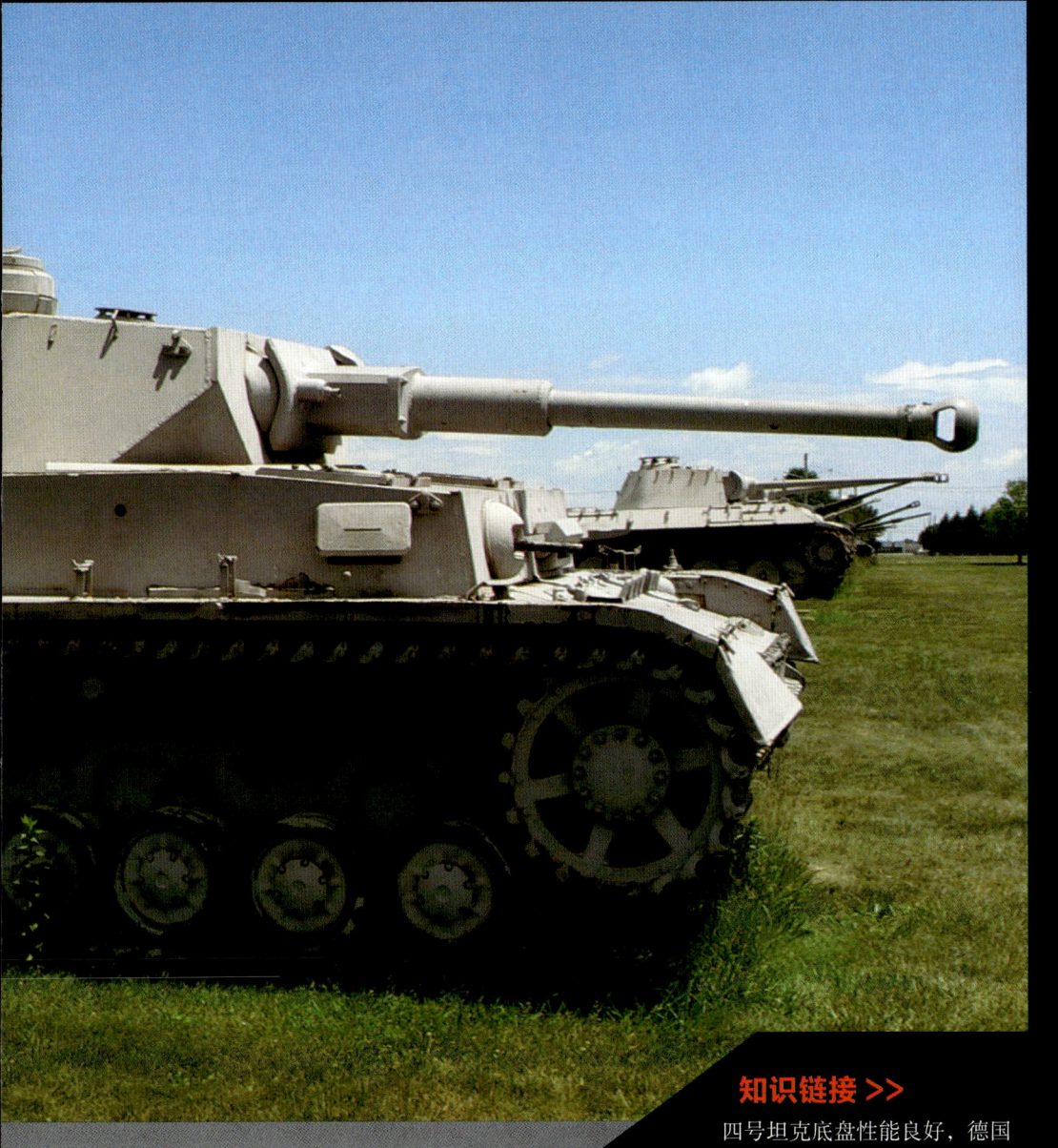

知识链接 >>

四号坦克底盘性能良好，德国军方为了让大量淘汰的四号坦克底盘发挥作用，在这些底盘的基础上设计了许多变型车，类型涉及歼击(反坦克)车、自行火炮、运输车、工程车等。

▲ 四号坦克 F1 型

PANTHER
"黑豹"坦克（德国）

■ 简要介绍

"黑豹"坦克是在1941年"巴巴罗萨"行动后，德国为应对苏联T-34中型坦克而研发生产的新型坦克，是二战中德军性能最综合的坦克。事实证明，它和苏联的T-34中型坦克均是二战中使用的性能良好的中型坦克。

■ 研制历程

1941年6月，德苏战争开始，德军装甲部队遭遇了苏军KV系列重型坦克以及T-34/76型坦克，它们在火力及装甲防护上都优于德军所有型号坦克。于是德军令戴姆勒-奔驰公司和曼公司研制一种新式坦克。次年，曼公司设计的VK3002坦克由于拥有较好的综合性能而被选定，正式命名为"黑豹"。

"黑豹"中型坦克装备了1门75毫米KwK 42 L/70线膛炮，这种火炮的倍径非常长，穿甲能力很好。而且由于安装了Tzf12瞄具，并采用了"气动辅助瞄准"，使其火炮回到原来位置的时候较快，有利于行进间射击和瞄准精度；甚至还加装了"夜视仪"，这在二战时期可说是顶级的。

在动力上，"黑豹"除马力大而加速性、爬越性良好外，还有一个特点便是可以原地转向，有利于驾驶员对坦克车头方向的调整。

基本参数	
车长	8.66米
车宽	3.42米
车高	2.85米
车重	44.8吨
最大速度	46千米/小时
最大行程	200千米
装甲厚度	16毫米~100毫米

■ 实战表现

1943年9月13日，德军的7辆"黑豹"遭遇了70辆苏联T-34中型坦克，在经过20分钟的战斗后毁坏了28辆T-34。1944年7月一次战斗中，德军以损失6辆"黑豹"坦克的"代价"毁坏了107辆苏军坦克。

▲ "黑豹"式 D 型坦克

知识链接 >>

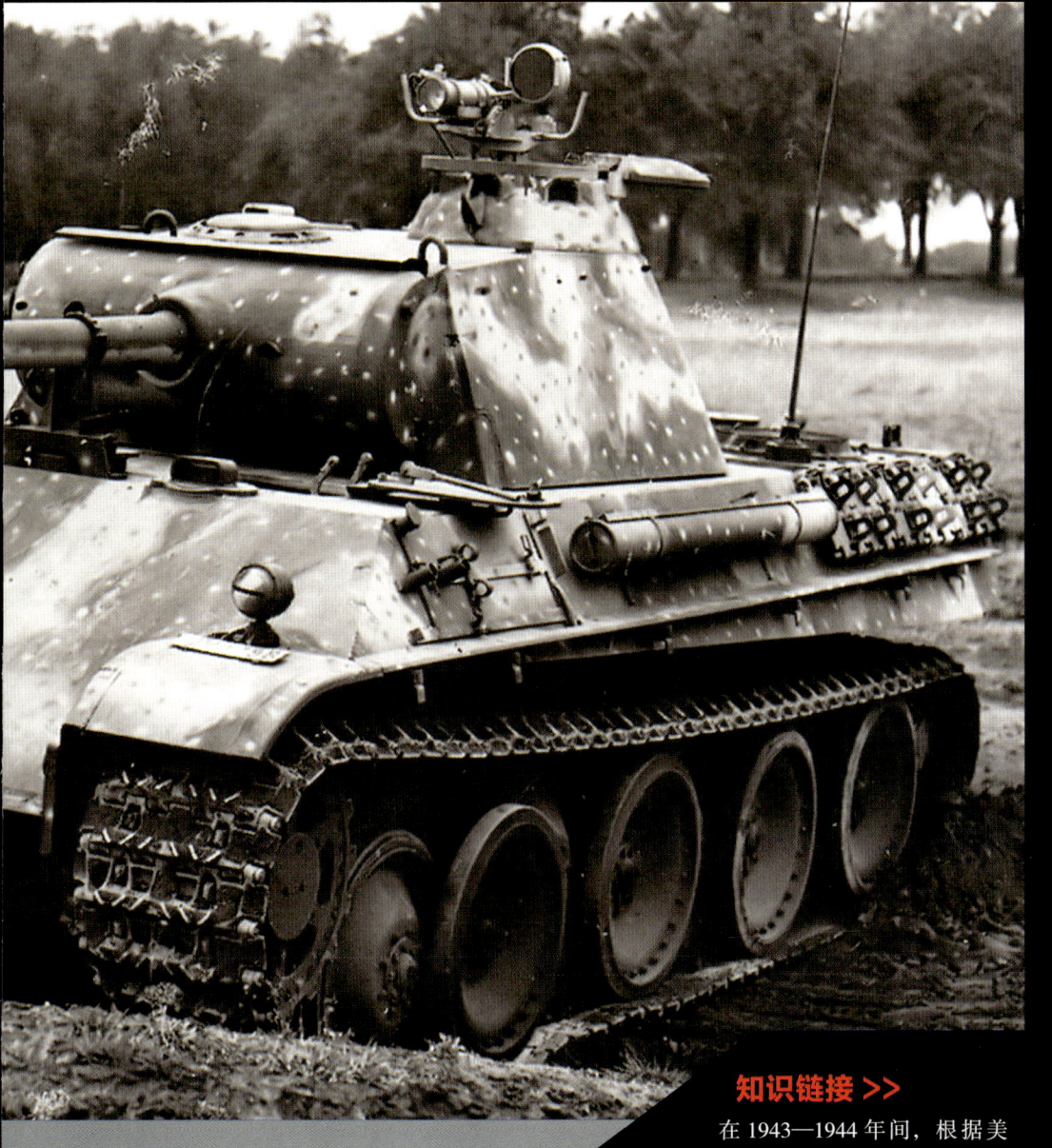

在 1943—1944 年间,根据美军的统计资料,平均 1 辆"黑豹"坦克可以毁坏 5 辆 M4"谢尔曼"式坦克或大约 9 辆苏军 T-34 / 85 坦克。因此苏联军方对"黑豹"坦克评价很高,并把缴获"黑豹"坦克看作一种奖励,装备给表现优异的乘员。

TIGER
"虎"式坦克（德国）

■ 简要介绍

"虎"式重型坦克又称六号坦克，是二战中德国的"王牌"武器，虽然它早在1937年就开始设计，但在1942年8月才开始批量生产，1944年8月后停止生产。它们被装备到一些独立的重型坦克部队，一直服役到战争结束，成为德军坦克的象征。

■ 研制历程

早在1937年春季，德国就开始研发重型坦克。1941年，亨舍尔和保时捷、曼、戴姆勒－奔驰四家竞争公司分别提交了坦克设计方案。但此时苏联T-34型坦克诞生了，于是关于重型坦克的定制标准立刻提高了，车重增加到45吨，并配备一款88毫米口径火炮。亨舍尔公司的设计方案最终脱颖而出。1942年7月，亨舍尔的VK4501（H）定型命名为"虎"I，并且开始批量生产。

"虎"式重型坦克的主要武器为88毫米KwK 36L/56，其可50%概率击穿高质量靶板。因此能够在更远的距离正面摧毁绝大多数对手，如T-34坦克、M4"谢尔曼"坦克。

"虎"式坦克的优良性能还包括装甲厚、自保能力强（苏联的穿甲弹在500米范围内无法击穿厚重的"虎"式坦克的前装甲）；作战能力全面，独立作战能力强；射程远，精度高；擅长隐蔽袭击。

基本参数

车长	8.45米
车宽	3.4米~3.7米
车高	2.93米
车重	56吨~57吨
装甲厚度	25毫米~100毫米

■ 实战表现

从击毁敌方坦克的王牌坦克手所驾驶的坦克型号来看，"虎"式坦克系列胜于其他时坦克。例如德国头号坦克王牌奥托·卡里乌斯毁坏他国坦克178辆，各种火炮100门以上。1944年7月，在马利诺沃村战斗中，卡尔尤斯与约翰尼斯·鲍尔特和阿尔博特·科舍尔3人的3辆"虎"式坦克，共毁坏苏军17辆JS-2和4辆T-34。

▲ 1943年，在突尼斯被美军俘获的"虎"式坦克

知识链接 >>

"虎"式坦克的火力绝不容同盟国军队小觑。英军每次发现疑似"虎"式坦克时，都要呼叫宝贵的空中火力支援，仅仅为了消灭疑似"虎"式的目标。而当后来同盟国军队攻入柏林时，不少刚入伍的新兵也会被柏林街道上画着的"虎"式坦克壁画吓一跳，这就能看出来"虎"式坦克给同盟国士兵的心理上造成了一定的恐惧。

KING TIGER
"虎王"坦克（德国）

■ 简要介绍

　　"虎王"坦克是德国二战期间威力最大的一种重型坦克。甚至直到二战结束，同盟国军队仍然找不到有效应对它的办法，因此称其为"虎王"坦克。由于同盟国军队轰炸了亨舍尔公司在卡塞尔地区的工厂，以及"虎王"重型坦克生产所耗费的原材料和工时相当多，从1944年1月到1945年3月，该型坦克一共制造了489辆，与原定的1500辆相差甚远。

■ 研制历程

　　1943年1月，德方在"虎王"式的88毫米56倍口径坦克炮的基础上，发展出了更大威力的88毫米L/71坦克炮，于是开始进行"虎王"坦克的研制，最终选中了亨舍尔公司的设计方案。

　　"虎王"坦克具有比"虎"式坦克更强的火力（1门88毫米KwK 43 L/71主炮；3挺MG 34/MG42型7.92毫米口径机枪），以及更大的功率（"迈巴赫"HL230P30型发动机）。"虎王"近70吨的重量是有划时代意义的，因此，综合考量起来，它算得上一种威力很强的坦克。事实证明，"虎王"以强大火力和防护能力，给对手造成了心理上的压迫感。

■ 实战表现

　　从参数、战例来看，"虎王"坦克在当时的战场难逢对手。M4坦克在"虎王"面前几乎没有一点儿机会。在法国，曾有2辆"虎王"摧毁了一整排的M4坦克。

基本参数

车长	7.62米
车宽	3.76米
车高	3.09米
车重	69.8吨
装甲厚度	28毫米~180毫米
最大速度	41千米/小时
最大行程	170千米

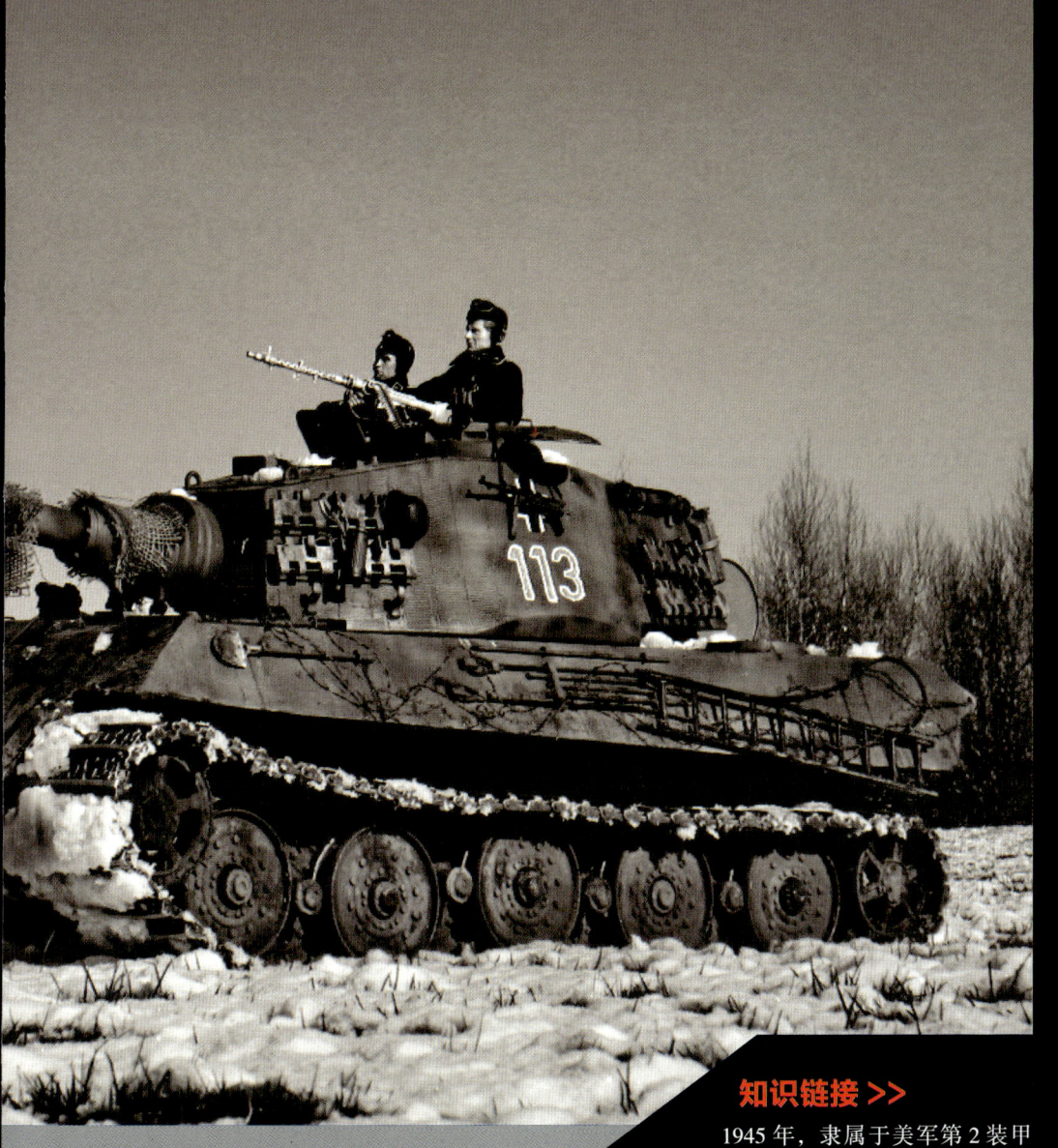

▲ 博物馆里的"虎王"坦克

知识链接 >>

1945年，隶属于美军第2装甲师的坦克车长克莱德·D.布朗森中士在报告中写道："一辆'虎王'重型坦克在150码（约137米）的距离上将我的坦克击毁。我们的5辆坦克在200码~600码（约183米~549米）距离对其开火，5到6发炮弹击中了它，但是都被弹开，这辆'虎王'重型坦克开跑了。如果我们能拥有类似于'虎王'的坦克，我们现在就已在家了……"

MAUS
"鼠"式坦克（德国）

■ 简要介绍

"鼠"式坦克是第二次世界大战末期由德国保时捷公司设计的超重型坦克，战斗全重达188吨，是当时最重的坦克。尽管"鼠"式坦克火力强大、防护坚固，但是由于生产得比较晚，数量也很少，没能在二战结束以前投入战场使用。

■ 研制历程

1942年6月8日，德国著名坦克设计师费迪南德·保时捷博士被任命为总设计师，负责研制安装有128毫米或150毫米口径火炮的超重型坦克。另外，克虏伯公司在1941年也曾接到陆军武器局的命令，发展类似的坦克。后来两个公司合作设计出了超重型坦克，最初代号称为"猛犸"，为了迷惑对手改称为"鼠"式。

"鼠"式坦克装备1门128毫米 KwK 44 L/55主炮和1门75毫米 L/36同轴副炮，这在当时是足以摧毁任何装甲车辆的武器。此外，"鼠"式还有7.92毫米 MG42通用机枪，近距离防御武器是1挺 MG34机枪。

该坦克采用全金属履带，宽达1.1米。其驱动轮位于车体后方，由电动马达带动。

基本参数

车长	10.2米（量产型达到12.14米）
车宽	3.71米
车高	3.63米
车重	188吨
装甲厚度	60毫米~240毫米
最大速度	13千米/小时
最大行程	160千米

■ 实战表现

到战争结束时，约有9辆"鼠"式的原型车处于不同的完成状态，并没有参加过一场战斗。也有资料表明，V2号原型车在库默斯多夫曾作为防御武器进行过战斗，并毁坏了好几辆苏军坦克，但最后由于炮塔故障被机警的苏军士兵俘虏。然而，最通常的说法是，V2号原型车被人引爆在了库默斯多夫的试车场上，也有相应的照片为证。

知识链接 >>

"鼠"式坦克的确是一个有趣的设计，然而，它薄弱的机动能力和巨大的重量，使得其注定缺乏实战价值。把它作为一座移动碉堡来使用，或许更胜于作为一种超级坦克的用途。后来，由V1号车体和V2号炮塔组合的一辆"鼠"式坦克被苏军运回了国内，1951年和1952年在库宾卡进行测试，至今仍陈列在俄罗斯首都莫斯科附近的库宾卡坦克博物馆内。

▲ 八号"鼠"式坦克原型车

T-26 轻型坦克（苏联）

■ 简要介绍

T-26 轻型坦克是二战前期苏联在自身基础十分薄弱的条件下，引进少量英国"维克斯"型坦克为蓝本，并加以改进研制的坦克。它于 1931 年正式定型，1932 年装备苏联军队，并且与 BT-7 快速坦克一同成为苏联军队坦克部队早期的主力。

■ 研制历程

1930 年，列宁格勒（今圣彼得堡）的布尔什维克工厂在工程师巴雷科夫和金兹鲍格的领导下，参照从英国购买的"维克斯"坦克，制造出了类似的 TMM-1 和 TMM-2 坦克，之后，这些坦克在和其他工厂设计的 T-19、T-20 坦克进行对比试验后，革命军事委员会决定采用它们，并正式命名为 T-26 轻型坦克。从 1932 年起，以列宁格勒（今圣彼得堡）的基洛夫工厂为主的一批工厂开始大量生产该型坦克。

T-26 轻型坦克共有乘员 3 人，装甲、火力均优于同时期对手，而且机动性相当好。其主要武器是 45 毫米 46 倍径坦克炮，在 300 米内可以取得比较高的命中率，备弹 165 发；辅助武器为 2 挺 7.62 毫米 DT 机枪，备弹 3654 发，因此它能成功压制对方的轻型坦克，突破不坚固的防线，快速穿插和包围敌步兵等。

基本参数

车长	4.65 米
车宽	2.44 米
车高	2.24 米
车重	28 吨
装甲厚度	25 毫米
最高速度	30 千米 / 小时
最大行程	220 千米

■ 实战表现

T-26 作为轻型坦克，一般用于支援步兵。其在二战时的大规模使用有 3 次。T-26 作为苏军的"打击拳头"，把日本的"豆"坦克打得"哑口无言"，但是由于装甲薄弱，也被日军步兵近战毁坏了很多。此外，T-26 还曾使用于 1936 年的西班牙内战和 1939 年的苏芬战争中。

▲ T-26 轻型坦克

知识链接 >>

T-26 在实战中面对反坦克枪炮时损失确实比较大，这并非因为总体设计存在很大缺陷，而是由于苏联对 T-26 的某些简化（如取消了指挥塔）造成的。实际上这也代表了苏联坦克的一贯特点：装甲较好，速度较快，强调火力，但是观察能力和射击精度较差，人机工程也较差。

BT-2 快速坦克（苏联）

■ 简要介绍

1931年，苏联设计出了BT-1快速坦克，生产两辆样车之后，经试验并不适合作战要求，于是年底又在BT-1基础上设计出了BT-2快速坦克。BT-2参加过多次战役，给对手留下了深刻的印象。

■ 研制历程

1930年，苏联向美国购买了2辆T3"克里斯蒂"坦克。次年进行了广泛的试验，并设计出BT-1快速坦克。1931年年底，苏联又设计出BT-2快速坦克。

BT-2主要武器换装为1门37毫米口径火炮，在火力、可靠性上得到了加强。尤其它最大速度为52千米/小时，完全可以说是飞驰了。作为侦察坦克的前三选择，对手不容易命中它，它可以为己方的后续部队拓宽视野。另外，它还可以高速突破对方的防线，插入对手阵地，毁坏火炮等关键武器，所以尽管装甲薄弱，BT-2仍然可以凭借自己快速灵活的特点找到自己的位置。试验后，BT-2坦克于1932年1月开始批量生产。

基本参数	
车长	5.5米
车宽	2.23米
车高	2.17米
车重	11吨
装甲厚度	6毫米~13毫米
最大速度	52千米/小时
最大行程	160千米

■ 实战表现

BT-2快速坦克诞生不久，3辆BT-2就参加了著名的红场阅兵，之后又参加了西班牙内战、苏芬战争等，给对手留下了深刻的印象。在战场上，BT-2快速坦克供远程作战的独立装甲和机械化部队使用，因其装甲防护薄弱，不适合与坦克作战，所以主要用来攻击敌人的后方，以夺取诸如司令部、补给基地、机场等重要目标。

▲ 飞驰的 BT-2 快速坦克

知识链接 >>

  T3"克里斯蒂"坦克是美国20世纪20年代生产的。该坦克首次采用了4个大直径负重轮，2个负重轮上还采用了平衡悬挂装置，主动轮后置，将负重轮和车体之间用大型螺旋弹簧相连，最后的一个负重轮处于水平螺旋状态，从而提高了负重轮的行程。这样即便是履带被击毁，它仍然可以利用3个伸张的负重轮和主动轮的驱动继续前进。

BT-5

BT-5 快速坦克（苏联）

■ 简要介绍

苏联 BT 系列坦克一直在更新升级，在此基础上，产生了新式的 BT-5 快速坦克。BT-5 坦克在火力上得到了加强，增加了重量，因此在快速的同时又具有更强的机动性和稳定性。它生产了1884辆，其中一些装有无线电台及框形天线，这使得 BT-5 坦克在 BT 系列坦克中占有重要位置。

■ 研制历程

1932年，苏联军队提出要在 BT-4 的基础上研制另一种 BT 快速坦克，要求该坦克不仅要火力强，而且要通过采用本国研制的新型发动机来提高机动性，这种坦克即 BT-5 快速坦克。

BT-5 坦克的炮塔比 BT-2 坦克有了若干变化，并先后采用了 5 种不同形式的炮塔，装有1门45毫米口径火炮和1挺7.62毫米口径并列机枪，战斗全重增至11.6吨，乘员仍为3人。

后期的 BT-5 坦克装有2具探照灯和71TK-1框形天线，发射穿甲弹时，可在1000米的射击距离击穿35毫米厚的钢装甲。

BT-5 采用高强度轧制钢装甲板，在结构设计上使零部件轻量化，虽然采用了较大口径的火炮，炮塔的尺寸明显加大，但整车的战斗全重却只比 BT-2 增加了0.6吨；可靠性提高，特别是行动装置的部件。

基本参数	
车长	5.52米
车宽	2.23米
车高	2.21米
车重	11.6吨
装甲厚度	6毫米~13毫米
最大速度	72千米/小时
最大行程	301千米

■ 实战表现

BT-5 快速坦克参加了1936—1939年的西班牙内战。最初有51辆 BT-5 坦克参战，后逐步增加到近百辆。随后，BT-5 又和 BT-7 坦克一同参加了哈拉哈河之战、苏波战争和苏芬战争，经受了战火的考验。

▲ BT-5 快速坦克侧视图

知识链接 >>

BT-3 和 BT-4 只是过渡产品，其中 BT-3 只是在 BT-2 的基础上将减重孔车轮改为钢制，而 BT-4 则是去掉了 37 毫米口径反坦克炮，使用了双机枪炮塔，但这两种坦克的产量十分少，在历史上也只留下寥寥几笔的描述。BT-5 才是 BT 系列坦克的成熟型号，虽然名为 BT-5，但和 BT-2 并不是衍生关系，实际上 BT-5 也诞生于 1932 年，算是 BT-2 的竞品。

BT-7 快速坦克（苏联）

■ 简要介绍

BT-7 快速坦克是 20 世纪 30 年代苏联著名的坦克，也是 BT 系列坦克的终章。这类坦克的高速度是依靠奇特的轮履方式实现的，公路行驶时使用轮胎方式，越野行驶时使用履带方式。BT-7 坦克的设计经验之后成功运用到了更新型的 T-34 中型坦克上。

■ 研制历程

1935 年，在 BT-5 基础上，苏联方面又提出重新设计 BT 坦克，要求将其改为焊接装甲，同时增大装甲倾角，于是 BT-7 快速坦克就诞生了。该车采用新设计的炮塔，安装 1 门 45 毫米口径火炮和 2 挺 7.62 毫米口径机枪，还换用了发动机，使机动性有明显提高，增加了正面装甲厚度和动力 – 传动舱容积。

与 BT-5 相比，BT-7 改进之处为采用了新型的 M17-TV-12 汽油发动机（这种发动机是德国宝马汽车公司发动机的翻版），使机动性有明显提高；改进炮塔（圆形、锥形）和 45 毫米炮，大大增强了火力。同时，由于其装甲很薄，因此在二战时增加了正面装甲厚度和倾斜度，提高了防护能力，并增加了动力舱容积，加装了两个牛角形的潜望镜。

基本参数

车长	14.5 米
车宽	5.66 米
车高	2.29 米
车重	4.5 吨
装甲厚度	6 毫米 ~22 毫米
最大速度	86 千米 / 小时
最大行程	250 千米

■ 实战表现

BT-7 是 BT 系列坦克的终章。事实上，在苏德战争开始时，T-34 还没有大规模列装，苏联的主战坦克就是 BT-7。不过数年过去，BT-7 早已达到自己的极限，难以抵挡反坦克枪的打击，因此在大战初的一年中，损失掉的 BT-7 超过 2000 辆，但好在终于撑到了 T-34 的大规模服役。

知识链接 >>

BT-7M 常被称作 BT-8，其实该坦克本来就叫 BT-8，但造出来 4 辆原型车后，军方将之与 BT-7 做了一番比较，发现提升不大后，BT-8 的称号就此被剥夺，此后它便以 BT-7M 之名投入生产。

▲ BT-7 快速坦克侧视图

T-34 中型坦克（苏联）

■ 简要介绍

T-34 坦克是第二次世界大战前由苏联哈尔科夫工厂设计师米哈伊尔·伊里奇·科什金领导设计的中型坦克。该坦克火力、防护力和机动性都很突出，尤其它带有倾斜装甲的设计思路，对后世的坦克发展有着深远及革命性的影响。

■ 研制历程

1938 年，苏军提出设计新坦克，指标为在近距离内抵御 37 毫米口径火炮的直射，在中远距离内要抵御 75 毫米口径火炮斜射。哈尔科夫工厂科什金等人的设计获得苏联最高国防会议通过，后经多次实验，在装甲加强、火炮增强后，更名为 T-34 中型坦克。

T-34 中型坦克具有出色的防弹外形，采用斜面装甲，炮弹击中后容易弹开，并且穿甲弹穿透力与口径大小成正比，因此被德军 75 毫米炮射击时，其防护能力相当强。

同时，T-34 拥有强大的火力，主要武器为 76 毫米 L / 30.5 L-11 坦克炮，到 1941 年又换装了 76 毫米 F-34 型 L / 42 加农炮。后者使用普通穿甲弹时，1000 米距离上可穿透 61 毫米厚钢板，当时的德国没有任何一款坦克能够抵挡这样猛烈的火力。

基本参数

车长	6.75米
车宽	3米
车高	2.45米
车重	30.9吨
装甲厚度	18毫米~60毫米
最大速度	55千米 / 小时
最大行程	468千米

■ 实战表现

1941 年 6 月 22 日，T-34 / 76 首次参战。其拥有的 76 毫米口径炮，可在 500 米外击穿德军三号、四号坦克的前装甲。在此后一系列战斗中，德军竟找不到可以与之抗衡的坦克，史称"T-34 危机"。随着德军投入全新的"虎"式、"黑豹"、四号坦克，T-34 / 76 在面对德军装甲部队时显得越来越"脆弱"。为此，1943 年秋，T-34 坦克开始改装，于是有了苏联方面引以为傲的中型坦克 T-34 / 85。改装后的 T-34 迅速成为战争后期苏军机械化部队的主力装备。

▲ T-34 中型坦克

知识链接 >>

20世纪30年代的苏联有两个坦克生产基地，一个位于列宁格勒，是由基洛夫工厂和红十月工厂等组成的生产基地，负责生产 T-28、T-35 和 T-26 等坦克；另一个是哈尔科夫机械厂，负责生产 BT 系列快速坦克。

KV-1 重型坦克（苏联）

■ 简要介绍

KV-1 重型坦克是苏联在第二次世界大战前夕研制的，主要用于应对当时德军三号和四号中型坦克。在二战中，它能同时抵挡 37 毫米和 50 毫米口径反坦克炮，因此成为苏联在第二次世界大战中的主力重型坦克 KV 系列第一型。

■ 研制历程

1939 年 2 月，苏联元帅伏罗希洛夫的女婿等人在基洛夫工厂，以 1937 年制造的 SMK 双炮塔样车为基础，开始对单炮塔和宽履带进行改良，研制重型坦克。同年 12 月 29 日，新型坦克与 T-34 同被列为制式装备，以伏罗希洛夫元帅之名命名为"KV-1 型"。1940 年 2 月，KV-1 重型坦克开始量产。

KV-1 虽然是重型坦克，但后期大幅削弱装甲，提高了机动性。它换装了新的炮塔和传动，能爬坡度 36°、通过垂直墙高 0.91 米、横穿 2.8 米的壕沟，还能涉水深 1.45 米。更重要的是，采用宽履带的 KV-1 分散了重量，能够通过许多原本会被压坏的木桥。

在火力方面，其主炮为 76 毫米的 F34 坦克炮，架设 3 挺 7.62 毫米 DT 机枪；在防护上，除了厚厚的装甲外，炮塔前头还设计了使敌军跳弹的造型。

基本参数

车长	6.80米
车宽	3.33米
车高	2.71米
车重	43.5吨
装甲厚度	35毫米~110毫米
最大速度	35千米/小时
最大行程	225千米

■ 实战表现

1940 年，苏军一个装备了 KV-1 坦克的坦克排参加了突破芬兰主要阵地的战斗，在战斗中，没有一辆 KV-1 坦克被击穿。苏德战争开始后，KV-1 坦克开始与德军交锋。当时德军主要使用的反坦克炮、坦克炮都无法击毁 KV-1 重型坦克 90 毫米厚的炮塔前部装甲（后期厚度还提升至 120 毫米），对德军造成了极强的震慑力，从而对阻止德军的进攻发挥了重要的作用。

知识链接 >>

KV-1的缺点是早期的离合器和传动器协调性差，换挡时需要先停车，乘员舱视野狭小、缺乏无线电，影响其作战能力；后期由于装甲的强化，重量也成为其主要缺点。KV-1虽然不断更换离合器、新型的炮塔、较长的炮管，并将部分装甲的焊接部分改成了铸造式，但其可靠性还是不如T-34。

▲ KV-1重型坦克侧视图

KV-2 重型坦克（苏联）

■ 简要介绍

KV-2 重型坦克为苏联 KV 系列重型坦克的第二型，装备了 1 门 152 毫米口径的榴弹炮，为了让它能够装下这门重型火炮，苏联设计师设计了 1 个全新的炮塔，随即成了 KV-2 的标志——"大脑袋"。由于其装甲特别厚，德军的 37 毫米反坦克炮得到了"敲门砖"的绰号。

■ 研制历程

二战前夕，苏联西北方面军指挥部要求为 4 辆试验用的 KV-1 安装上 152 毫米的榴弹炮。KTZ 设计局最优秀的设计师被召集起来完成这个项目。两个星期后，一种新的试验车型设计完成了。1941 年年初，这种坦克被正式纳入军方，并被命名为 KV-2。

KV-2 坦克标志性的武器是 152 毫米榴弹炮，当时没有任何坦克能够挨上一炮后还安然无恙；而且将其用来攻击敌方坚固的防御工事、碉堡等，都可以得到非常好的效果。

另外，KV-2 还能爬 30° 坡，能通过垂直墙高 1.2 米，越壕宽 2.7 米，涉水深 1.6 米，可以说，当时几乎所有地方，它都如履平地。

■ 实战表现

KV-2 重型坦克在战争初期对抵挡德军的进攻起到了非常重要的作用，往往几辆 KV-1 和 KV-2 坦克就可以牵制大量的德军并且给予对方重创，德军往往束手无策。KV-2 曾创下身中 70 炮以上不被贯穿的纪录，甚至有苏军车组在没有炮弹的情况下，居然直接驾驶 KV-2 压毁德军的火炮，这给德军造成极大的心理压力。不过，尽管火力强大，KV-2 坦克的行走装置却因沉重的车体而不堪重负，造成大量减员。

基本参数

车长	7.31 米
车宽	3.25 米
车高	3.93 米
车重	52 吨
装甲厚度	30 毫米~110 毫米
最大速度	26 千米 / 小时
最大行程	200 千米

▲ 一名士兵正在为 KV-2 重型坦克装填炮弹

知识链接 >>

在苏联卫国战争中，KV-2 坦克几乎成了不可战胜的"钢铁怪物"。它甚至有过这样的惊人表现：一辆隶属于苏军第 2 坦克师的 KV-2 坦克在罗希尼镇附近的交通要道上，居然使德军第 6 装甲师迟滞了整整 1 天，尽管德军用 105 毫米榴弹炮打坏了它的履带，但它仍然凭着坚厚的装甲继续战斗，击毁、压毁数十辆敌人卡车和反坦克炮，直到弹药耗尽被乘员遗弃。

IS-1 重型坦克（苏联）

■ 简要介绍

IS 是二战中后期研制出的一种苏联重型坦克系列，它的研制主要是用于应对德国"虎"式坦克和"黑豹"坦克。IS-1 是 KV-85 重型坦克的改进型，所以也称 IS-85 坦克。

■ 研制历程

1943 年 1 月，苏军在北方前线缴获了一辆"虎"式坦克，随即送往库宾卡实验场对它进行测试，在此基础上计划研制出能与它抗衡的新坦克。科京的切林宾斯库 - 基洛夫斯基工厂设计局接受了这个任务，而新的重型坦克研制工作被命名为"237 工程"。根据指示，要在 KV-13 最后一种型号的基础上开发出两种坦克，命名为 KV-1S 和 IS-1 坦克。

IS-1 坦克是 KV-85 重型坦克的改进型，因此其主要武器是 85 毫米口径火炮，其发射的穿甲弹可在 1000 米距离垂直穿甲厚度为 100 毫米。此外还有 3 挺 7.62 毫米口径轻机枪和 1 挺 12.7 毫米口径重机枪。

同时，IS-1 的排气口比之前的坦克有所改进，废气不会进入吸气口。它采用了"237 工程"的底盘，但进行了大量改进，车体采用大量的铸造工艺。与 KV-1 和 KV-85 相比，其装甲厚度增加了。

基本参数	
车长	8.32米
车宽	3.12米
车高	2.71米
车重	44吨
装甲厚度	20毫米~122毫米
最大速度	37千米/小时
最大行程	260千米

■ 实战表现

1944 年 1 月，苏联第 13 重型坦克突击团下属的一个连（拥有 IS-1 坦克 5 辆）在 T-34 中型坦克和 T-70 轻型坦克组成的 109 坦克团支援下，准备夺取德军装甲部队守卫的里夏卡村。守村德军以"黑豹"坦克迎战，仅仅 10 分钟的战斗，IS-1 就被全部击中，其中 10 辆被彻底毁坏。

1944年3月4日，战场上浓雾弥漫，IS-1和"虎"式交火，苏军击毁对方1辆坦克，自己8辆被毁；8日，阵地前移，2辆IS-1在行军中遭德军PAK40型75毫米反坦克炮伏击，均起火；16日，苏联军队遭德国国防军第503重装甲营伏击，4辆坦克被击毁。几次战斗证明了IS-1的85毫米坦克炮在"虎"式和"黑豹"面前威力不够。

知识链接 >>

总体来讲，IS-1性能很优秀，但是毕竟只是过渡性的产品，所以IS-1产量并不多，只生产了107辆，尽管如此，它仍为IS系列重型坦克的发展做出了不可磨灭的贡献，有了它，才有了之后被换装122毫米的D-25型火炮的IS-2坦克，即德军"最可怕的对手"。

IS-2 重型坦克（苏联）

■ 简要介绍

苏联 IS-2 重型坦克是在 IS-1 的基础上升级的产品，主要改装了 122 毫米的 D-25 型火炮，因此火力和整体性能均超过了德国的"虎"式坦克，与 T-34/85 中型坦克共同构成了二战后期苏联坦克的中坚力量。

■ 研制历程

IS-1 进入实战后，很快就被发现，它虽然在底盘性能上较 KV 坦克有了相当大的提升，但火力上却不如德军"虎"式坦克。于是，苏联最高统帅部决定对之进行升级，装备 1 门更强的大口径火炮，随即将改装后的坦克命名为 IS-2。

IS-2 重型坦克的主要武器是 1 门 122 毫米口径火炮，可以发射曳光穿甲弹和杀伤爆破榴弹。曳光穿甲弹在 500 米距离上可以击穿 170 毫米厚的装甲，杀伤爆破榴弹最大射程可达 14.6 千米。

IS-2 在转向机构方面也采用了新的技术，在变速箱两侧各装有 1 个"二级行星转向机"，均由 1 个行星排、1 个闭锁离合器和大小 2 个制动器组成。驾驶员可根据路面和地形条件通过操纵杆分别操纵左、右两侧的行星转向机构，获得所需要的转向半径，大大提高了坦克的机动性。

基本参数

车长	9.6米
车宽	3.12米
车高	2.71米
车重	45.8吨
装甲厚度	19毫米~110毫米
最大速度	37千米/小时
最大行程	241千米

■ 实战表现

1945 年 1 月，乌克兰第 10 坦克军下属的第 71 近卫重坦克团协助第 61 坦克旅防守波兰利索夫，迎战德军 424 重坦克营。战后苏军统计德军仅丢弃的"虎"式和"虎王"坦克就达到 35 辆，自身有 11 辆 T-34 全毁，11 辆重伤，其余需要小修。

知识链接 >>

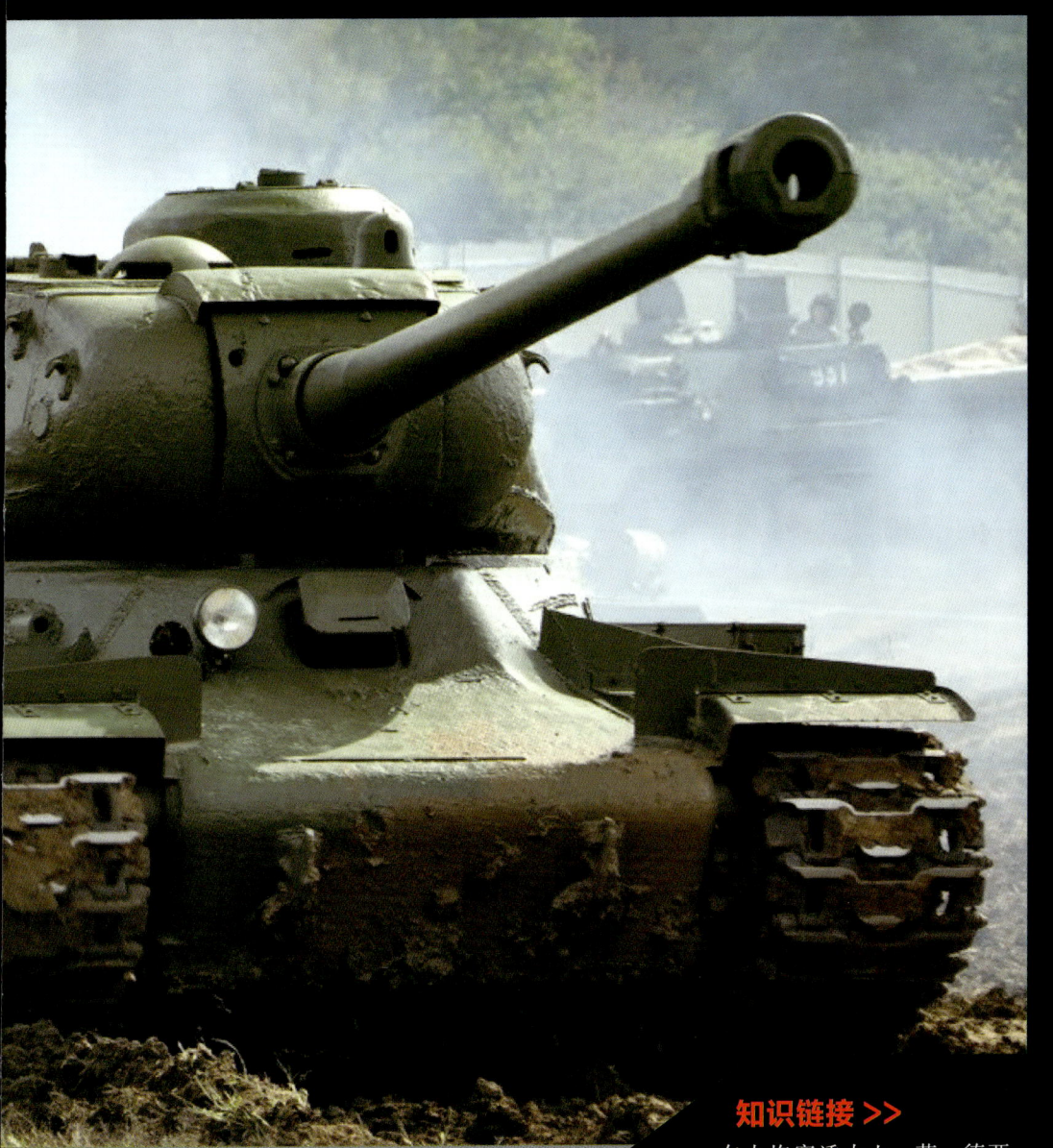

在火炮穿透力上，苏、德两国有着不同的标准：德国对穿深的标准就是 V50 标准（50% 的完全穿透概率），达到 50% 概率击穿某装甲，则视为其穿深；而苏联定义的击穿标准是 75% 的弹体穿过装甲，同时保证必须有高达 80% 的概率击穿，才会被认定为"必定穿透"。

▲ IS-2 重型坦克（图左）和 IS-1 重型坦克（图右）

IS-3 重型坦克（苏联）

■ 简要介绍

IS-3 重型坦克是二战末期苏联 IS 系列重型坦克中的一款。由于 IS-4 并不受欢迎，IS-5 至 IS-7 虽有设计车型却没有量产，所以 IS-3 可视为这一系列中最后一种具有实战性的坦克。它于 1944 年开始研制，批量生产持续到 1946 年中期，1952 年进行过现代化改装。

■ 研制历程

1943 年，苏军装甲坦克兵总局的调查团在库尔斯克战场通过调查，认为 KV 系列重型坦克的防护性能在德军日益增强的火力面前已不再有效。因此，科京设计局的技术人员展开了方案竞争，于是，"703 工程"新式重型坦克诞生了，1944 年 10 月最终被定名为 IS-3。

IS-3 的车载武器，主炮是 1 门 122 毫米口径火炮，在 1000 米距离可以击穿 120 毫米厚匀制钢装甲板；其防空武器为 1 挺 12.7 毫米高射机枪；辅助武器还有 2 挺 7.62 毫米并列机枪和炮塔机枪。

IS-3 拥有它那个时代最强级别的防护力。其车体的箭簇形装甲全面提高了坦克的防护水平，装甲重量占战斗全重的比率是世界各国所有坦克中数一数二的。此外，它对侧面和后面的防护全面加强。

■ 实战表现

1945 年 5 月，第一批测试 IS-3 重型坦克开下生产线。同年 9 月 7 日，在柏林举行了同盟国军队的胜利阅兵式。52 辆 IS-3 重型坦克参与阅兵式，展示了苏联坦克工业的最高水平。

基本参数

车长	9.85 米
车宽	3.15 米
车高	2.45 米
车重	46.5 吨
装甲厚度	20 毫米~220 毫米
最大速度	37 千米/小时
最大行程	150 千米

知识链接 >>

作为二战末期的苏联重型坦克，IS-3 的批量生产一直持续到 1946 年中期，总产量为 2311 辆。该坦克最后被科京设计局改进为苏军装备最后的重型坦克 IS-8，即 T-10 重型坦克。

IS-3 重型坦克的 4 名乘员迅速登车

TYPE 89
89 式中型坦克（日本）

■ 简要介绍

89 式中型坦克是日本在第二次世界大战初期使用的坦克，由于诞生于日本纪元 2589 年（1929 年）而得名。

■ 研制历程

早在 1927 年，日本陆军技术本部就计划同时开发轻型和重型坦克，1929 年 4 月，试生产第二型概念车，经过多次技术试验后，由于这一年是日本皇室纪元的 2589 年，所以该车被命名为 89 式轻型坦克。后来为强化其主要部位结构以提高逾越壕沟能力，自身加重，成了中型坦克。

89 式坦克主炮最初为 1 门 37 毫米口径坦克炮，后改为 90 式 57 毫米口径短管坦克炮。该炮最大射程 5700 米，高低射界 –8°～+30°，不转动炮塔时方向射界为左右各 10°，备弹 100 发。该炮发射穿甲弹时可以穿透 100 米处的 25 毫米垂直钢装甲。

89 式动力装置最初是水冷汽油发动机，1935 年 7 月后开始使用风冷柴油机，由此分为甲、乙两型，从而也成为世界上最早采用风冷式柴油机的坦克。

基本参数	
车长	5.75 米
车宽	2.18 米
车高	2.56 米
车重	13.6 吨
装甲厚度	5 毫米 ~17 毫米
最大速度	25 千米 / 小时
最大行程	170 千米

■ 实战表现

作为日本投产并装备部队的首款国产坦克，89 式坦克参加了二战中多场战斗。在 1939 年诺门罕爆发的大规模军事冲突中，日军 89 式脆弱的装甲和疲弱的机动性使其极易在开阔的草原上成为苏军坦克的活靶子。

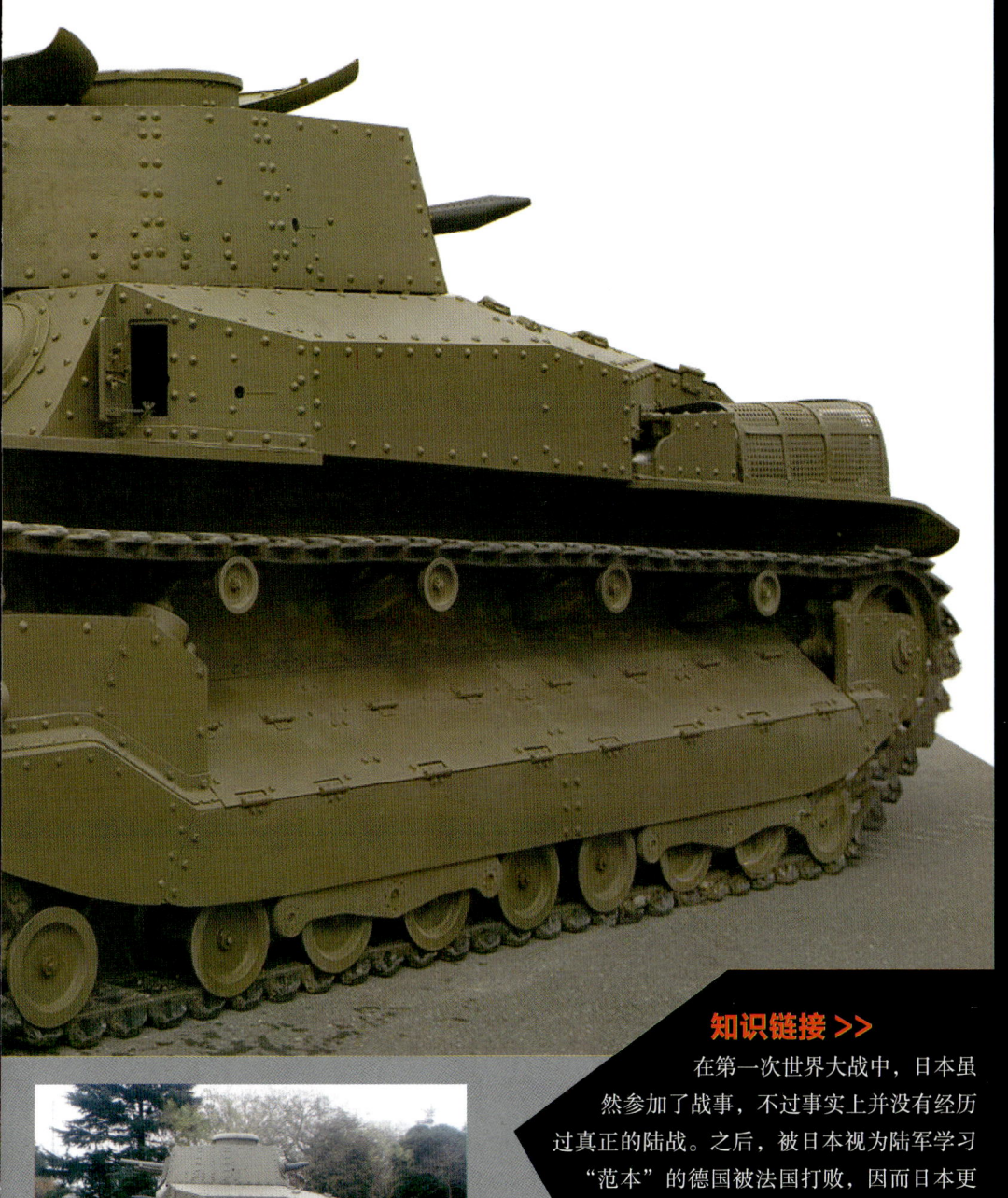

知识链接 >>

在第一次世界大战中,日本虽然参加了战事,不过事实上并没有经历过真正的陆战。之后,被日本视为陆军学习"范本"的德国被法国打败,因而日本更换了陆军学习的对象,那就是法国。

▲ 89 式中型坦克侧视图

TYPE 94
94式超轻坦克（日本）

■ 简要介绍

94式超轻坦克是日本1933年委托日野自动车株式会社研制的。它的正式名称为94式轻装甲车，重量仅有2.7吨，只装有1门7.7毫米口径机枪。它是日本在第二次世界大战时使用的一种小型坦克，主要用于陆军和海军陆战队作为步兵火力支援、侦察和运送士兵。

■ 研制历程

1933年，日本东京煤气和电器工业公司（后称日野汽车公司）开始以20世纪20年代后期英国生产的"卡登·洛伊德"6型机枪运载车为基础，研制新型坦克，次年研制出了一种超轻型坦克的样车，当时正是日本天皇纪年2594年，因此正式将其命名为94式轻装甲车。94式于1935年开始量产，逐渐成为20世纪30年代以来世界上最轻的坦克之一。

94式超轻坦克的战斗室位于车体后部，上部有一个枪塔，其主要武器是1挺机枪，早期为91式6.5毫米口径机枪，后被7.7毫米口径机枪取代，少数车装过37毫米口径火炮。车长和驾驶员处都有舱门，车体后部还开一个后门，便于乘员上下车以及与被牵引车辆的联络。

基本参数

车长	3.08米
车宽	1.62米
车高	1.62米
车重	3.45吨
装甲厚度	4毫米~12毫米
最大速度	40千米/小时
最大行程	208千米

■ 实战表现

1935年，94式超轻坦克开始服役。1937年开始，94式超轻坦克主要用于步兵支援、侦察支援和装甲拖运。后来人们发现，一个炸药包、一捆手榴弹就能轻易击毁装甲薄弱的94式超轻坦克，它的装甲最薄处只有4毫米，有时甚至能被步枪击穿。

知识链接 >>

94式超轻坦克的正式量产最早从1934年开始，共被生产843辆，作为一款轻型装甲载具，94式超轻坦克的性能一般，它配备1台汽油机，装甲厚度才6毫米到12毫米，也就勉强能防御普通步枪的射击，要是距离近的话，步枪也能打穿其薄弱的地方，如果遭遇重机枪，恐怕难以抵挡。

▲ 被英军俘获的94式超轻坦克

TYPE 95
95 式轻型坦克（日本）

■ 简要介绍

95 式轻型坦克是由日本三菱重工公司于 1934 年生产的，是日本轻型坦克中品质、性能最好的一款，最大特点是采用柴油机为动力装置。95 式轻型坦克主要任务是支援步兵并伴随车辆快速前进，可以快速攻下敌人的据点。

■ 研制历程

1932 年，日本军方想研制一种兼有 92 式的机动性和 89 式火力的轻型坦克。次年，三菱公司先期制成了 A、B 两种制式样车。随后，又综合它们的优点制成了正式样车，于 1935 年正式定型，依照惯例定名为 95 式轻型坦克。

95 式轻型坦克共有乘员 3 人，主要武器是 1 门 94 式 37 毫米坦克炮，火炮身管相对较长，全炮长 1.36 米，重仅 64 千克，在 300 米的射击距离可穿透 45 毫米厚的钢装甲；辅助武器是 2 挺仿捷克斯洛伐克造的 97 式 7.7 毫米轻机枪，可自动连发射击。

同时，95 式轻型坦克的最大特点是采用柴油机为动力装置。

基本参数

车长	4.38米
车宽	2.07米
车高	2.28米
车重	7.4吨
装甲厚度	6毫米~12毫米
最大速度	48千米/小时
最大行程	250千米

■ 实战表现

95 式坦克曾参与马来半岛"闪击战"。马来半岛"闪击战"是二战中期日军和英军在马来半岛展开的一次重大战役。战役从 1941 年 12 月 8 日打响，日军在马来半岛北部强行登陆，以 97 式中型坦克和 95 式轻型坦克组成的机械化部队，在一个月的时间内，向南挺进 700 千米，一直打到新加坡。交战的结果，以英军帕西瓦尔中将率部投降而告终。

知识链接 >>

由于 95 式轻型坦克的负重轮间距和红高粱地的垄距差不多,这种坦克在横跨地垄越野时行驶困难,甚至发生了强迫振动现象。为了克服这一缺点,日本人特意在第一、二负重轮和第三、四负重轮之间各加一个小直径的辅助负重轮,于是出现了奇特的 95 式轻型坦克。

▲ 95 式轻型坦克,摄于 1945 年 9 月 28 日

71

TYPE 97
97式中型坦克（日本）

■ 简要介绍

97式中型坦克是日本在二战期间装备的坦克，应用于多场战斗中。它的几个特征是采用风冷柴油机为动力装置、不对称的炮塔、铆接结构装甲车体及炮塔、无线电台的框形天线和主动轮在前。

■ 研制历程

1937年6月，日本陆军省和坦克部队的样车都完成了组装。陆军省样车称为"奇尼"，而坦克部队由三菱重工公司研制的样车则称为"奇哈"。日军在二战中急需大量战车投入战斗，于是采用了"奇哈"，并定名为97式中型坦克。

97式中型坦克车体中部右侧安装了可以360°回旋的炮塔，炮塔呈不对称结构，左后方突出了尾机枪。共有乘员4人，火力装备为1门57毫米97式坦克炮；另外还有2挺7.7毫米轻机枪。

97式的行走和悬挂装置明显优于89式中型坦克，机动性有很大提高，在同时期也处于比较高的水平。97式可以越壕宽2.5米，过垂直墙高0.9米，涉水深1米。

基本参数

车长	4.02米
车宽	2.06米
车高	1.72米
车重	5.4吨
装甲厚度	8毫米~33毫米
最大速度	37千米/小时
最大行程	140千米

■ 实战表现

1939—1945年间，日本侵略军在各大战场广泛地使用97式中型坦克。1939年7月，在哈拉哈河战役中，有4辆坦克首次参加战斗，由于苏军参战的全是BT和T-26坦克，97式甚至成了战场上最大的坦克。而到了1943年的太平洋战争时，由于同盟国军队兵力、兵器处于绝对优势，装备数百辆97式中型坦克的日本精锐部队在太平洋地区全军覆没。

▲ 97式中型坦克

知识链接 >>

太平洋战争爆发后，在美军坦克强大的冲击力面前，装甲极薄的日本坦克只能认输。在美军看来，日军"重"坦克等于"中"坦克，日军"中"坦克等于"轻"坦克，日军"轻"坦克等于有履带的装甲车。

M2 轻型坦克（美国）

■ 简要介绍

M2 轻型坦克是美国于 1935 年根据"维克斯"坦克研制的。虽然在 1941 年时 M2 已经退出作战序列，成为训练坦克，而且于太平洋战争初期的战斗中只有少数 M2 参加战斗，但它却是二战期间美国轻型坦克发展的重要一环。

■ 研制历程

1933 年，美国就着手在英国"维克斯"6 吨坦克的基础上，发展自己的轻型坦克。在交付了 10 辆样车之后，美军决定改用双炮塔型，幽默的美国人还用一位有名的滑稽、性感明星梅·维斯特之名作为这个坦克的代号。

在西班牙内战之后，美国陆军委员会开始给这种坦克安上一个 M1 步兵战斗车的炮塔，威力也有相应提高；装甲增加到 25 毫米；转动速度更快；悬挂和发动机的冷却也进行了性能的优化。由此分别衍生出了 M2A1 至 M2A4 几种型号。

M2 轻型坦克的主要武器是 1 门 37 毫米 M5 火炮，穿透力达到 48 / 70 / 19 毫米；另外还有 5 挺勃朗宁 M1919A4 机枪。双人炮塔赋予了这种战车强大的火力支撑，但同时两个炮塔却也限制了彼此的视野及射界。

基本参数

车长	4.43 米
车宽	2.47 米
车高	2.65 米
车重	11.6 吨
装甲厚度	6 毫米~25 毫米
最大速度	58 千米 / 小时
最大行程	320 千米

■ 作战性能

M2 坦克发展到 M2A4，作战能力显著增强。M2A4 的最大车体装甲厚度也增加到了 25 毫米，整车重量高达 11.7 吨，动力装置换成了大陆公司的 W-670 9A 星型汽油机。虽然 M2A4 在二战期间并没有多少亮眼的表现，但是作为美国轻型坦克的奠基者，M2A4 对于美国装甲部队的作战意义却不小。

知识链接 >>

代号为 M2 的中型坦克是美国第一种大规模生产的中型坦克，是由 M2 轻型坦克发展而来的，标志着主流坦克由轻型向中型的转变。不过该型坦克在投入服役之前就已经过时了，因此并未被派往海外战场，全部装备美军用于坦克兵训练。

▲ M2 轻型坦克侧视图

M3 轻型坦克（美国）

■ 简要介绍

M3 轻型坦克亦称"斯图亚特"轻型坦克，是美国车辆和铸造公司于 20 世纪 40 年代打造的产品，主要用于侦察、警戒或执行快速机动作战任务。它是二战中使用最广泛的轻型坦克之一，除装备美国陆军外，还提供给英国等同盟国军队使用，曾被英军骑兵团誉为"亲密的朋友"。

■ 研制历程

1940 年 7 月，美军开始组建独立的装甲部队，在采用装甲板铆接结构的 M2A4 轻型坦克的基础上，采取增加装甲厚度、行动部分安装诱导轮、改进防空武器等措施，改进设计了 M3 轻型坦克。

M3 轻型坦克的火力装备主要是 1 门 37 毫米口径火炮，除此而外，辅助武器是 5 挺 7.62 毫米口径机枪。最初炮塔顶部有 1 个小指挥塔，后来取消，机枪也减为 3 挺。

M3 轻型坦克最初前装甲板和侧装甲板都为垂直的，这也是它最大的特点，但到了该系列轻型坦克最后一种改进型 M3A3 时，车体前部和两侧装甲板改为倾斜布置。总体看，A3 坦克行驶速度快，越野能力强，但其车体较窄，限制了其主要武器的口径；车体流线性差，整车目标大，受弹凹部多（这也限制了其发展）。

基本参数

车长	4.53米~5.03米
车宽	2.24米~2.52米
车高	2.57米~2.64米
车重	12.7吨~14.7吨
装甲厚度	10毫米~59毫米
最大速度	58千米/小时
最大行程	217千米

■ 实战表现

M3 轻型坦克服役后，参加多场战争，堪称二战时期使用最广泛使用的轻型坦克之一。二战中除装备美国陆军外，M3A3 坦克还被提供给英国等同盟国军队使用，在 1941—1942 年它陆续在英国陆军服役，并成为英军在北非战场的主要装甲作战力量。

知识链接 >>

　　M3 轻型坦克是美军轻型坦克中最常见的，其主炮采用 37 毫米口径火炮，倍径达到惊人的 50L，这意味着连中型坦克的正面装甲都能击毁（比如当时德军的四号坦克 D 型）。而正面装甲厚度也达到 44 毫米，从数据来看，日军的 97 式坦克不是 M3 轻型坦克的对手。

▲ M3 轻型坦克改进型坦克

M3 中型坦克（美国）

■ 简要介绍

1940 年，英国陆军敦刻尔克大撤退后急需装备的补充，于是向美国订购了 1250 辆 M3 中型坦克，重新设计了加大型炮塔，并以美国著名将领格兰特的名字命名为"格兰特"式；随着英军在北非与德军周旋，又引入了一批 M3 中型坦克，以美国将军罗伯特·李的名字命名为"李将军"式，简称"李"式。

■ 研制历程

1940 年 7 月，美国紧急开展了新的 M3 中型坦克的研发工作。此坦克参考了技术成熟的 M2 中型坦克，使用部分与其类似或相同的结构和零部件。

M3 中型坦克是一种"双塔将军"式坦克，车体主要武器为 1 门 75 毫米 M2 / M3 坦克炮；炮塔主要武器是 1 门 37 毫米 M5 / M6 炮；辅助武器则是 2 挺 ~4 挺勃朗宁 M1919 机枪，因此具有相当强大的火力。M3 中型坦克有先进的变速系统和强大功率，因此机动性也不错。

不过，它的防护性相对差一些，表现在装甲较薄、铆接车体等方面。此外，其车内有 6 名乘员，加上 2 门火炮，显得十分拥挤。该坦克采用的 2 门火炮，又分为 2 个层次，不便于车长指挥和迅速集中火力。

基本参数

车长	5.64 米
车宽	2.72 米
车高	3.12 米
车重	27.22 吨
装甲厚度	38 毫米~51 毫米
最大速度	42 千米 / 小时
最大行程	160 千米

■ 实战表现

在二战早期的装甲作战中，由于美军部队缺乏实战经验，加上 M3 中型坦克本身的缺点，使得战果不尽如人意。例如在凯塞林隘口战役中，防守的德军令美军装甲部队在两天内损失了约百辆坦克，当中有一部分为 M3 中型坦克。不过在太平洋战争中，M3 中型坦克对付日军坦克时却表现不俗，因此被日军归入重型坦克之列。

知识链接 >>

苏联通过《租借法案》获得了1386辆M3中型坦克,以补充苏德战争初期损失的兵力。但是,苏军对此型坦克并不满意,认为它有些"脆弱"。

▲ M3中型坦克,摄于1943年

M4 中型坦克（美国）

■ 简要介绍

M4 中型坦克是第二次世界大战时美国研制的产量最大的坦克之一（其产量达 49234 辆）。它也因此很快替代了 M3 中型坦克，并且提供给英军后，被以美国名将威廉·特库赛·谢尔曼的名字命名为"谢尔曼"式（又译作雪曼或薛曼）。

■ 研制历程

1940 年 8 月 19 日，美国开始了新型坦克的研制工作。根据 M3 "格兰特"式的不足，军方要求将 75 毫米口径火炮装在旋转炮塔上，改造后的坦克即 M4 中型坦克。

M4 中型坦克具备许多优点。首先，M4 "谢尔曼"式是二战中性能最可靠的坦克，其动力系统的坚固耐用，连苏联坦克都逊色几分，德国坦克更是望尘莫及。368 千瓦汽油发动机也是二战中最优秀的坦克引擎之一，这使"谢尔曼"式坦克具有 38 千米的最大时速。

其次，M4 拥有几项世界领先技术。比如其炮塔转动装置是二战时期最快的，转动一周不足 10 秒钟，这使其在近距离坦克战中能够快速反应，迅速射击，从而击毁对手。

另外，M4 还是二战中少数装备了火炮垂直稳定仪的坦克，能够在行进中精确瞄准目标并开炮。

■ 实战表现

在 1942 年的北非战场，英军带着美国援助的大约 400 辆 M4 "谢尔曼"坦克和英国自己的"十字军"巡洋坦克以及"瓦伦丁"轻型坦克，对战德国的三号坦克和四号坦克早期型号，M4 "谢尔曼"在战场上占据了明显优势，最终击败了德国非洲军团，迎来了北非战场的战略转折点。在太平洋战区，M4 中型坦克同样是日军的噩梦，在塞班岛、硫黄岛和冲绳岛等地的战役中，日军基本上没有正面火力可直接和"谢尔曼"系列对抗。

基本参数	
车长	7.54米
车宽	3米
车高	2.97米
车重	33.65吨
装甲厚度	13毫米~76.2毫米
最大速度	38千米/小时
最大行程	178千米

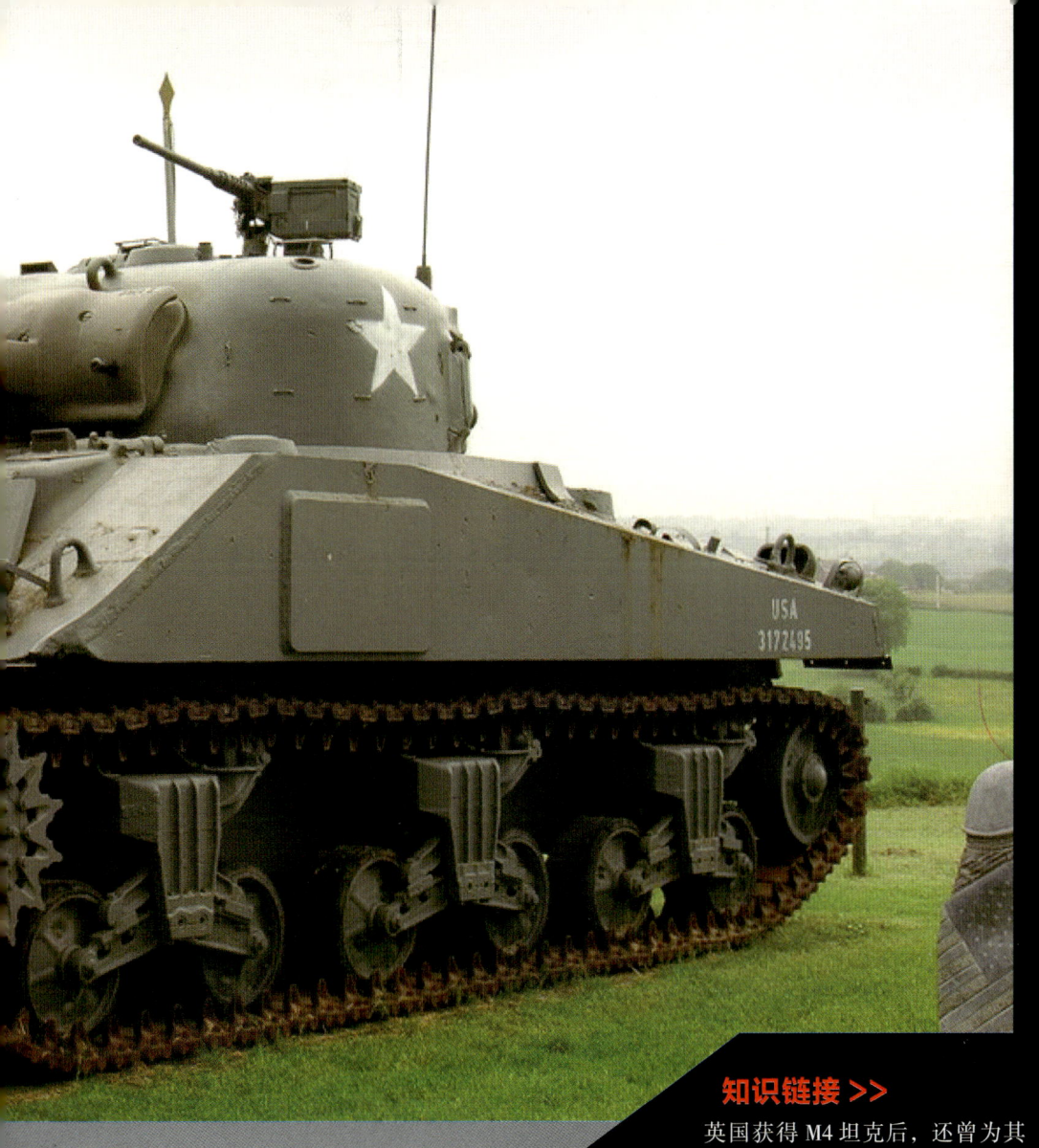

▲ 在欧洲战场上的美军 M4 中型坦克

知识链接 >>

英国获得 M4 坦克后，还曾为其换装了威力更大的火炮，并命名为"萤火虫"式坦克。"萤火虫"深受英国陆军的信任，是德国西线的重点攻击目标，可以正面和"虎"式、"黑豹"对抗，丝毫不落下风。"萤火虫"式坦克表现最出色的一次是 1 名军士单车击毁了 3 辆"虎"式坦克；此外 1944 年 6 月 11 日，第 4 禁卫龙骑兵团的哈里斯中尉凭 1 辆"萤火虫"歼灭了 5 辆"豹"式坦克。

M24

M24 轻型坦克（美国）

■ 简要介绍

M24 轻型坦克是 1943 年 3 月美国通用汽车凯迪拉克汽车分公司研制的，装备美国陆军后，被编入美军驻欧洲的先头部队，曾参加了莱茵河战役。它的火力和装甲防护是第二次世界大战轻型坦克中最强大的，机动性也可以和二战中的同类坦克媲美。

■ 研制历程

1943 年 3 月，美国通用汽车凯迪拉克汽车分公司奉命开始研制火力和装甲防护更为强大的轻型坦克。1944 年 4 月，该坦克被命名为 M24，同时又以 1940 年任美国装甲兵部队第一任总司令的阿德娜·罗曼扎·霞飞之名命名，称为"霞飞"式。

M24 "霞飞"轻型坦克车内由前至后分为驾驶室、战斗室和发动机室，车长指挥塔为固定式，其顶舱可旋转，炮塔内有 1 个供部队指挥官使用的备用座椅，炮塔顶后部装有 1 挺高射机枪。

M24 的炮塔正中央装有 1 门 75 毫米 M6 火炮，此炮是为 B25 轰炸机设计的火炮，装有电击发和手击发两种装置；火控系统包括炮塔的电液操纵和手操纵方向机、陀螺仪式火炮稳定器、观瞄装置、象限仪和方位仪等。

基本参数	
车长	5.48 米
车宽	2.95 米
车高	2.46 米
车重	18.4 吨
装甲厚度	12.7 毫米~38 毫米
最大速度	56 千米/小时
最大行程	161 千米

■ 实战表现

1945 年 3 月初，在德国多玛根，美国第 4 骑兵侦察群 F 连的 M24 在很近的距离突然遭遇 2 辆"虎"式，由于是突然遭遇，双方都无准备，但是 M24 凭借良好的机动性能和较快的炮塔转速，在"虎"式笨重的炮塔转过来之前，抢占了侧面位置，在短时间内接连命中"虎"式炮塔和车体侧后，虽然没有将其击穿，但是引发了"虎"式弹药和燃油爆炸，成功将其摧毁。

▲ M24 轻型坦克侧视图

知识链接 >>

霞飞（1884—1941），1914年在美国第7骑兵团服役；1915—1916年在西点军校战略部任教；1921年任第1骑兵师作战指挥部指挥官，后入陆军军事学院学习；1931年任第1机械化骑兵团执行官，1938年任第1机械化骑兵团团长，同年晋升为准将；1940年为美国装甲兵部队第一任总司令，并晋升为陆军少将。

M26 重型坦克（美国）

■ 简要介绍

M26 坦克是第二次世界大战末期装备美国陆军的重型坦克，专为对付德国的"虎"式重型坦克而设计，以美国名将"铁锤"潘兴将军之名命名，也称"潘兴"重型坦克，到了 1946 年 5 月改划为中型坦克类。

■ 研制历程

1943 年 4 月，美国人为对付德国的"虎"式坦克，专门改造了搭载 90 毫米炮的 T26 新型重型坦克，于 1945 年 1 月定型生产，称为 M26 重型坦克，以美国名将"铁锤"约翰·约瑟夫·潘兴将军之名命名为"潘兴"坦克。

M26 的主炮为 90 毫米 M3 型坦克炮，配用曳光被帽穿甲弹、曳光高速穿甲弹、曳光穿甲弹和曳光榴弹，其中被帽穿甲弹在 914 米距离的穿甲厚度为 122 毫米，高速穿甲弹在 914 米距离的穿甲厚度为 199 毫米。

M26 装载的发动机是由福特公司开发的 GAF 型 V 型 8 缸液冷汽油发动机。其传动装置为液力机械式，安装有液力变矩器，因而在一定范围内可以自动变矩，减少换挡次数。其操纵装置采用了一根既能变速又能转向的操纵杆，因此机动能力较德国"虎王"要强很多。

基本参数

车长	8.65 米
车宽	3.51 米
车高	2.78 米
车重	41.9 吨
装甲厚度	19 毫米~120 毫米
最大速度	40 千米 / 小时
最大行程	161 千米

■ 实战表现

1945 年 2 月 25 日，美国第 3 装甲师下属的"潘兴"坦克首次投入实战。不料，一辆"潘兴"坦克在德国城镇埃尔斯多夫被一辆埋伏的"虎式"重型坦克击毁。这辆"潘兴"坦克先后身中 3 发 88 毫米穿甲弹，出师不利。但在接下来的战斗中，另一辆"潘兴"坦克击毁了一辆"虎式"重型坦克和两辆四号坦克。其中，"虎式"坦克是在 900 米的距离被击中的，并引起车内弹药爆炸。

知识链接 >>

潘兴（1860—1948），有"铁锤"之称，于1886年毕业于西点军校，后在美国骑兵部队服役。在任驻日武官兼日俄战争的军事观察员期间，潘兴从上尉被破格擢升为准将。1917年美国参加一战时，他担任美国欧洲远征军总司令。经历此战，潘兴成了美国开国以来第一个，也是唯一一个六星上将。

▲ M26 重型坦克和乘员组

MATILDA

"玛蒂尔达"系列步兵坦克（英国）

■ 简要介绍

"玛蒂尔达"系列坦克是英国二战时期著名的步兵坦克，也是世界上唯一以女性名字命名的坦克。其设计者为维克斯公司的约翰·卡登爵士。该系列坦克主要有"玛蒂尔达"I型（A11）和"玛蒂尔达"II型（A12），其中"玛蒂尔达"II型是二战中英军的"常青树""战场上的女皇"。

■ 研制历程

1934年，英国军方决定开始研制步兵坦克，于是与维克斯公司达成协议，准备设计一种步兵支援型坦克，设计者为约翰·卡登爵士。1936年9月，维克斯公司制成了第一辆样车；1938年，将其定名为"玛蒂尔达"步兵坦克，其总重仅11吨，属于轻型坦克；后来又研制出了26.52吨的改进型。前者称为A11步兵坦克，后者则为A12步兵坦克。

A12采用了2台发动机，当一台发动机损毁或出现故障时，靠另一台发动机可以低速行驶，保持一定的战斗力。

基本参数

车长	5.61米
车宽	2.59米
车高	2.51米
车重	11吨~26.52吨
装甲厚度	20毫米~78毫米
最大速度	25千米/小时
最大行程	257千米

■ 实战表现

英军装备的"玛蒂尔达"II型坦克，主要用于北非战场，德国非洲军团的坦克炮和反坦克炮在其面前也是无效的。1940—1942年间，"玛蒂尔达"II型坦克主要用于同意大利军队的坦克作战中，它可以对付任何一种意大利的坦克和反坦克炮，给意军坦克以沉重的打击。之后，"玛蒂尔达"II型坦克便被改装为各种特种车辆，继续在战场上服役。因此它在整个二战时期是唯一一种自始至终服役于英国军队的坦克。

知识链接 >>

在欧洲国家中，战争女神希尔德加德（Hildegard）的名字是很响亮的，尤其在"英语圈"国家中。Hildegard 的简略形式 Hilda 后为成为英文中常用女性名"玛蒂尔达"（Madilda）的语源，因此它既是一般英国女性的名字，又含有"战争女神"的寓意，一语双关。

▲ "玛蒂尔达" II 型坦克

CRUSADER
"十字军"系列巡洋坦克（英国）

■ 简要介绍

英国"十字军"巡洋坦克是第二次世界大战前夕至大战前期著名的英军轻型坦克，参加了英军在北非战场的一系列军事活动。该系列分为Ⅰ、Ⅱ、Ⅲ型，其中以"十字军"Ⅱ型巡洋坦克最为出名。

▼ 装有小型机枪塔的十字军Ⅰ型

■ 研制历程

"十字军"巡洋坦克是由"盟约者"巡洋坦克发展而来的。不过，"盟约者"坦克的装甲较薄，火力也偏弱，迫切要求提高其性能。于是从1939年开始，英国纳菲尔德公司领导下的几家公司联合开始研制改进型，代号为A15。

"十字军"Ⅰ型、Ⅱ型巡洋坦克的主炮均为40毫米口径火炮，主要弹种为穿甲弹（Ⅲ型为57毫米口径火炮）；辅助武器为1挺或2挺机枪。此外，车内还有1挺对空射击用的"布伦"轻机枪，但不是固定武器。还有一种近战支援型的"十字军"Ⅰ型CS巡洋坦克，用76.2毫米榴弹炮取代火炮，弹种以榴弹和烟幕弹为主。

"十字军"Ⅲ型动力装置为"纳菲尔德-自由"型Ｖ型12缸航空发动机，单位功率达到12.7千瓦/吨，在二战前期的坦克中名列前茅，具有良好的机动性。

基本参数

车长	5.97米
车宽	2.77米
车高	2.24米
车重	19.1吨~20.1吨
装甲厚度	26毫米~32毫米
最大速度	43千米/小时~64千米/小时
最大行程	160千米~322千米

■ 实战表现

1941年6月，"十字军"Ⅰ式坦克在北非沙漠投入实战。英军的坦克兵调高了"十字军"坦克发动机上速度限制器的上限，使坦克的最大速度高达64千米/小时。英军的坦克兵为此十分自豪。不过很快，"十字军"坦克就因发动机故障太多而"抛锚"，所以落入德军手中的比被打坏的还多。后来，"十字军"Ⅱ型和Ⅲ型增强了装甲防护和改进了发动机。

知识链接 >>

"十字军"巡洋坦克通常被称为"盟约者"巡洋坦克的改进版本,实际上,它们是同时代的设计。这两款坦克都是在没有提前制作原型坦克的情况下,得到许可得以制造的。尽管起步较晚,但"十字军"试验模型的准备反而比"盟约者"提前了6个星期。

▲ "十字军"Ⅱ型坦克,1942年10月2日摄于北非战场

CROMWELL

"克伦威尔"系列巡洋坦克（英国）

■ 简要介绍

英国"克伦威尔"系列巡洋坦克是根据英军参谋本部 20 世纪 40 年代初期制定的"重型巡洋坦克的战术技术要求"而研制的。

■ 研制历程

早在"十字军"式巡洋坦克在 1941 年 6 月投入实战前，英国陆军就委托纳菲尔德公司研制了新式巡洋坦克，并制成原型车"骑士"式和"人头马"式坦克。之后白金汉铁路与车辆公司重新设计了"人头马"的车体，于 1943 年定型为"克伦威尔"Ⅰ式。

最初，"克伦威尔"式坦克装甲厚度 76 毫米，其Ⅰ型至Ⅲ型均安装 57 毫米口径炮，速度达 64 千米/小时，是二战时最快的战车。由于德国"豹"式坦克的出现，"克伦威尔"式坦克的火力显得过弱，装甲也不厚，而速度快已无必要，所以用焊接加厚装甲至 102 毫米，换装 75 毫米口径炮，把速度降至 61 千米/小时。

同时，其发动机采用效率良好的流星引擎承载系统，其运动性能十分优秀，而且流星引擎可靠耐用、维修并不困难，因此此型战车深受战车兵的喜爱。

基本参数

车长	6.35米
车宽	2.91米
车高	2.83米
车重	28吨
装甲厚度	76毫米~102毫米
最大速度	64千米/小时
最大行程	270千米

■ 实战表现

"克伦威尔"巡洋坦克在诺曼底战役及随后的进军中，虽然名气不如"玛蒂尔达""丘吉尔"般响亮，但其优异且均衡的性能在地中海、法国战场获得了相当高的评价，曾是英国最重要的巡航战车，在二战中与美国的 M3、M4 坦克协同作战。

知识链接 >>

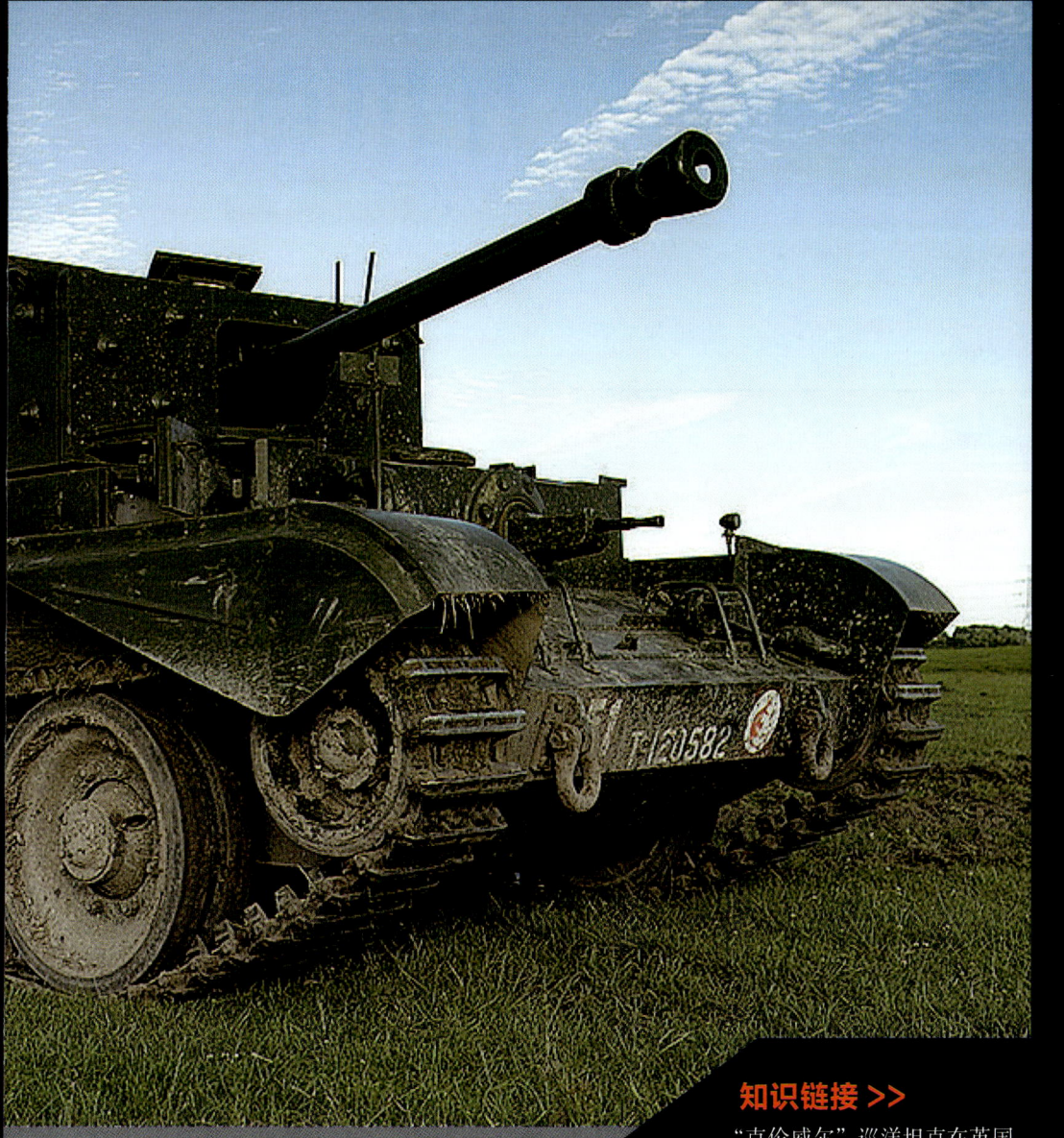

"克伦威尔"巡洋坦克在英国坦克发展史上的地位,可以用"承上启下"四字来概括:承上,说明它继承了英国巡洋坦克的特点;启下,说的是它是最后几种巡洋坦克之一,它之后就是英国巡洋坦克家族中的最后一个成员"彗星",以后英国就不再生产巡洋坦克了。

▲ "克伦威尔"巡洋坦克

COMET
"彗星"巡洋坦克（英国）

■ 简要介绍

英国"彗星"巡洋坦克（A34）是二战末期英国最后一种巡洋坦克，比"克伦威尔"坦克具有更高的反坦克能力，配备了77毫米口径的17磅炮，也因此而成为英国设计的坦克中有足够的火力去对抗德国战车的坦克之一。

■ 研制历程

在1941—1942年的北非战场上，英国在与德国的坦克对战中，几乎没有能击毁对方坦克的火炮，因此连吃败仗。为此，英国国防部委托里兰汽车公司在"克伦威尔"巡洋坦克的基础上，研制出火力更强大的A34"彗星"巡洋坦克。

"彗星"式坦克的主要武器是一种紧凑型的HV75型高初速火炮，能发射原来的17磅反坦克炮的弹药。由于缩短了身管和药室，其威力较原来的17磅火炮略低。弹种为被帽穿甲弹和榴弹。穿甲弹在472米距离上可击穿30°倾角的109毫米厚的钢装甲，比起"克伦威尔"的火炮有大幅度提高。

该坦克的炮塔驱动装置为电动式，必要时可以手动操纵；配备有1具3倍潜望式瞄准镜，车长指挥塔上有8具潜望式观察镜和1具潜望式瞄准镜。

基本参数	
车长	7.66米
车宽	3.07米
车高	2.67米
车重	35.7吨
装甲厚度	25毫米~101毫米
最大速度	51千米/小时
最大行程	240千米

■ 实战表现

"彗星"坦克是英国少数可与德国"豹"式抗衡的坦克之一，但它出现得太晚了。第一批"彗星"坦克在1944年9月才出厂，部分装备了第11装甲师的第29装甲旅，换装训练又被1944年12月16日爆发的阿登战役打断，在英军1945年3月23日强渡莱茵河后才加入战斗，但这时战争已近尾声，它们在二战中发挥威力的机会十分有限。

知识链接 >>

"彗星"坦克是英国巡洋舰坦克家族中的最后一个成员,也是在"克伦威尔"坦克计划完成之后的一款临时设计的坦克,随后,它便为"百夫长"坦克所替代。不过,向海外出售的"彗星"坦克,有些国家一直使用至 20 世纪 70 年代。

▲ 向公众展示的"彗星"巡洋坦克

CHURCHILL
"丘吉尔"步兵坦克（英国）

■ 简要介绍

"丘吉尔"步兵坦克是第二次世界大战中英国生产数量最多的一种坦克（总产量达5640辆）。它共有18种车型，其中主要的是Ⅰ型～Ⅷ型。该坦克的装甲比较厚，防护力较好。

■ 研制历程

1940年，英法两国的军队在西欧大陆全面溃败，对新型坦克的需求十分迫切。为取代"玛蒂尔达"Ⅱ型，英国哈兰德和沃尔夫公司设计了代号为A20的新型步兵坦克，于是沃尔斯豪尔公司在此基础上研制了A22步兵坦克。1941年，新型坦克以当时英国首相温斯顿·丘吉尔之名被命名为"丘吉尔"步兵坦克。

"丘吉尔"Ⅰ型坦克的主要武器为1门40毫米口径火炮，车体前部还装有1门76.2毫米口径榴弹炮。Ⅱ型坦克则用7.92毫米口径机枪代替了76.2毫米口径榴弹炮；Ⅲ型坦克的火炮换成57毫米口径火炮。后来有120辆Ⅳ型坦克采用美国的75毫米口径火炮；Ⅴ型坦克的主要武器是1门95毫米口径榴弹炮；Ⅵ型坦克的主要武器是1门美国的M3式75毫米口径火炮。之后到Ⅶ型坦克，主要改进了装甲防护，炮塔为铸造或焊接混合式，主要武器为1门95毫米口径榴弹炮。

基本参数

车长	7.35米~7.65米
车宽	2.74米~3.25米
车高	2.48米~2.68米
车重	39吨
装甲厚度	19毫米~152毫米
最大速度	25千米/小时
最大行程	259千米

■ 实战表现

"丘吉尔"步兵坦克于1942年被提供给英国陆军使用。"丘吉尔"Ⅶ型步兵坦克和"萤火虫"坦克一同成了诺曼底登陆以后英军装甲兵的主力坦克。在北非战场上，1943年2月28日，英军第51皇家坦克团的"丘吉尔"Ⅷ型步兵坦克，在突尼斯的斯提姆罗勒农庄参加了坦克战，首战告捷，并以其优秀的防护能力，完全压倒了德国的三号和四号坦克，为步兵提供了强大的火力支援。

知识链接 >>

自一战后，英国一直坚持生产"步兵坦克"和"巡洋坦克"，直到二战结束后才改变思路。步兵坦克就是用于伴随步兵作战，提供掩护和火力支援的坦克类型，不要求高速度，反坦克火力也不是很强，这实际是将坦克的三要素——机动、防护、火力强行分离。

▲ 坐在"丘吉尔"步兵坦克上的英军

SHERMAN FIREFLY

"谢尔曼·萤火虫"中型坦克（英国）

■ 简要介绍

"谢尔曼·萤火虫"式坦克是英国根据美国提供的 M4"谢尔曼"中型坦克加装 17 磅火炮改造而成的。虽然是一种在战时紧急情况下临时拼凑起来的"混血"武器，但它使同盟国军队拥有了一种足以与德军坦克部队对抗的武器，因此它的存在改变了战争流程，将同盟国军队引向了胜利之途。

■ 研制历程

1942 年年初，英国陆军即已认识到有必要生产安装大威力 17 磅火炮的坦克。1943 年春，英国皇家坦克兵团（RAC）决定独自研制开发装备 17 磅火炮的坦克，该坦克被命名为"萤火虫"。

"萤火虫"的主炮是由 17 磅反坦克炮改造而成的，车载用炮口径 76.2 毫米，其发射风帽穿甲弹在 914 米处可以贯穿 140 毫米的装甲板。在 1943 年时，这是唯一一种能够以较远距离在正面摧毁德国"虎"式、"豹"式坦克的同盟国军队坦克。

同时，"萤火虫"使用电驱动旋回装置的炮塔，能以 15°/秒的速度旋转，主炮射速最大 12 发/分。而且相对德国坦克，其车体较小，加上优良的战场机动性，作为目标被捕捉时难度较大。

基本参数	
车长	5.89米
车宽	2.4米
车高	2.7米
车重	34.75吨
装甲厚度	13毫米~76.2毫米
最大速度	40千米/小时
最大行程	193千米

■ 实战表现

"萤火虫"中型坦克最著名的战绩当属 1944 年 8 月 8 日哥顿上士在圣-埃格南伏击战中击毁德国坦克"王牌"米哈伊尔·魏特曼率领的"虎"式坦克分队。在这场战斗中共摧毁了 4 辆"虎"式坦克，包括魏特曼本人在内的 20 名乘员阵亡。而在特萨尔森林，英军第 24 轻骑兵分队的柯尔菲尔得上士凭 1 辆"萤火虫"，连续击毁了 4 辆"豹"式坦克。同一时期，道林格中士的"萤火虫"坦克也击毁了 1 辆"虎"式和 3 辆"豹"式。

知识链接 >>

17磅炮是"萤火虫"的威力之源，但它也确实存在些许固有的缺陷。17磅炮先后装备的2种榴弹，要么威力不足，要么性能不可靠。直到战争结束，问题也没有得到彻底解决。二战中，同盟国军队坦克遭遇的目标中，有75%不是装甲目标。而且17磅炮开火时，会产生极大的炮口焰，甚至会点燃炮口下方的草地。巨大的气浪能掀飞炮口附近房屋的屋顶，造成的视障也严重阻碍了对炮击效果的观察。

▲ "谢尔曼·萤火虫"中型坦克

RENAULT R-35

"雷诺" R-35 轻型坦克（法国）

■ 简要介绍

"雷诺" R-35 轻型坦克是法国 1935 年生产的轻型坦克 R 型，自 1936 年起，作为法国陆军标准的步兵坦克，被法军用于第二次世界大战，其中一部分在正面交战中被德军击毁，更多的则被德军缴获，并改装成弹药输送车、牵引车等各种专用车辆。

■ 研制历程

20 世纪 30 年代，欧洲大陆局势变得紧张起来，法军于 1934 年组建了第一个轻型机械化师，需要生产新型的轻型坦克取代一战时期生产的 FT-17。该任务是由雷诺汽车公司完成的。1935 年，新型坦克定型为"雷诺" R-35 轻型坦克。

"雷诺" R-35 乘员 4 人，火力装备为 1 门 37 毫米短身管火炮和 1 挺机枪。总体来看，其装甲防护较好，火力稍差一些，而且动力稍显不足，速度较慢，但对付德国一号坦克绰绰有余。

同时，R-35 的单人炮塔有一个很大的缺点：车长既要充当炮手和装填手，也要指挥战车行进，因此常常忙不过来。后期型的 R-35 加装无线电台后，车长的负担进一步加重。

基本参数

车长	4.2 米
车宽	1.85 米
车高	2.37 米
车重	10 吨
装甲厚度	12 毫米~45 毫米
最大速度	21 千米/小时
最大行程	140 千米

■ 实战表现

1936 年，首批"雷诺" R-35 轻型坦克交付部队使用，一直服役到 1940 年法国投降；第二次世界大战爆发时，它是法军装备数量最多的坦克。1940 年 5 月，945 辆"雷诺" R-35/R-40 坦克部署在南线，其中 810 辆属于集团军建制；另外 135 辆编在第 4 后备装甲师内，其任务是支援步兵作战。但由于公路行驶速度低，该型坦克缺乏实施远距离机动的能力；同时表现出了另一个缺点——越野能力与防横滑能力差。

知识链接 >>

法国陆军在 1936 年下发了 2300 辆 R-35 坦克订单，可是到德军于 1940 年 5 月入侵法国时，"雷诺"R-35 只交付了 1670 辆左右。其中一部分坦克在正面交战中被德军击毁，更多的则"拱手送人"，德军在"闪电战"中获得的 R-35 坦克数量多达 840 辆。

▲ "雷诺"R-35 轻型坦克

CHAR B-1

"夏尔" B-1 重型坦克（法国）

■ 简要介绍

"夏尔" B-1 重型坦克是法国陆军在二战前开始研发，1934 年起开始生产，1940 年 6 月 25 日法国战败前一直用于支援步兵作战重型攻坚突破用的坦克，可以说是二战初期火力及防护力最强的坦克。自法国投降后，德军将其接收作为军用车及训练坦克，另外有少数改装为喷火坦克投入东线战事。

■ 研制历程

1921 年，在"法国坦克之父"艾司丁将军提议下，由雷诺公司研制出了"夏尔" B-1，1929 年推出原型车进行测试，并定名为"夏尔" B-1 重型坦克。

1935 年，德国重占莱茵地区，促使法国当局立即开始改进"夏尔" B-1。这种坦克换装了配备 47 毫米 L35 炮的铸造炮塔，防护性能更好，发动机功率增加，使超过 30 吨的战车时速达到了 27 千米，称为 B-1 bis。

"夏尔" B-1 重型坦克的主要武器是 1 门 75 毫米 SA35 炮和 1 门 SA35 L34 型 47 毫米高速加农炮，能够发射颇具威力的穿甲弹；辅助武器是 2 挺 7.5 毫米 M1931 机枪。而其正面装甲，除了德国的 88 毫米高射炮外，几乎没有任何战防炮能够击穿。

基本参数	
车长	6.38 米
车宽	2.49 米
车高	2.79 米
车重	32 吨
装甲厚度	60 毫米
最大速度	27.6 千米 / 小时
最大行程	150 千米

■ 实战表现

1940 年 5 月 10 日，德国进攻法国时，法军大约装备了 300 辆 B-1 和 B-1 bis。据文件记载，在 1940 年的西线战役期间，法军的一辆"夏尔" B-1 坦克使用 75 毫米口径火炮击毁了 1500 米距离上德军的 1 门 88 毫米口径火炮，充分展现了其静液转向系统的精确性。

知识链接 >>

在二战时，由于法军作战不力，"夏尔"B-1重型坦克只得悉数拱手让给德军，成为优秀的"悲剧英雄"。德国军方很快让它们成了附庸，甚至到了诺曼底战役时，同盟国军队还常常要面对这些坦克呼啸的炮火。

▲ 被德军俘获的"夏尔"B-1重型坦克

SOMUA S-35

"索玛" S-35 中型坦克（法国）

■ 简要介绍

"索玛" S-35 中型坦克是法国于第二次世界大战中研制的世界上第一种用钢铁作为材料制造而成的骑兵坦克，由索玛公司于 1935 年研制成功，一直服役到 1940 年。

■ 研制历程

法国作为第一次世界大战中第二个设计和制造坦克的国家，自然不能只满足于装备类似 R-35 的轻型坦克。为了提升机动部队的战斗力，法国从 20 世纪 30 年代开始研发另一种重型坦克。该型坦克于 1935 年设计定型，因此得名 S-35。

"索玛" S-35 装备 1 门 47 毫米 L/40 加农炮，这是西线战场上威力最大的坦克炮，其火力比德军的 37 毫米口径火炮更胜一筹。

S-35 坦克炮塔和车体均由钢铁铸造而成，具有优美的弧度，无线电对讲机是标准设备，这些独特设计影响了后来的美国"谢尔曼"和苏联 T-34 坦克。而最为出色的就是它的装甲防护性能，20 毫米到 56 毫米的装甲，配合倾斜装甲的设计，让德军早期装备的 37 毫米反坦克炮难以对它造成伤害。

基本参数	
车长	5.3 米
车宽	2.1 米
车高	2.62 米
车重	20 吨
装甲厚度	20 毫米~56 毫米
最大速度	37 千米/小时
最大行程	259 千米

■ 实战表现

1940 年 5 月之前，已经有超过 400 辆的 S-35 重型坦克服役于法国军队的"十字军"和"龙骑兵"部队中。法军的 3 个轻机械化师各装备 87 辆 S-35 坦克；驻突尼斯的第 6 轻骑兵师装备有 50 辆这种坦克；第 4 后备装甲师也装备有少量这种坦克。但由于法军的战术落后，只用坦克实施一些单独的作战行动，因而"索玛" S-35 并没有在战争中发挥太大的作用。

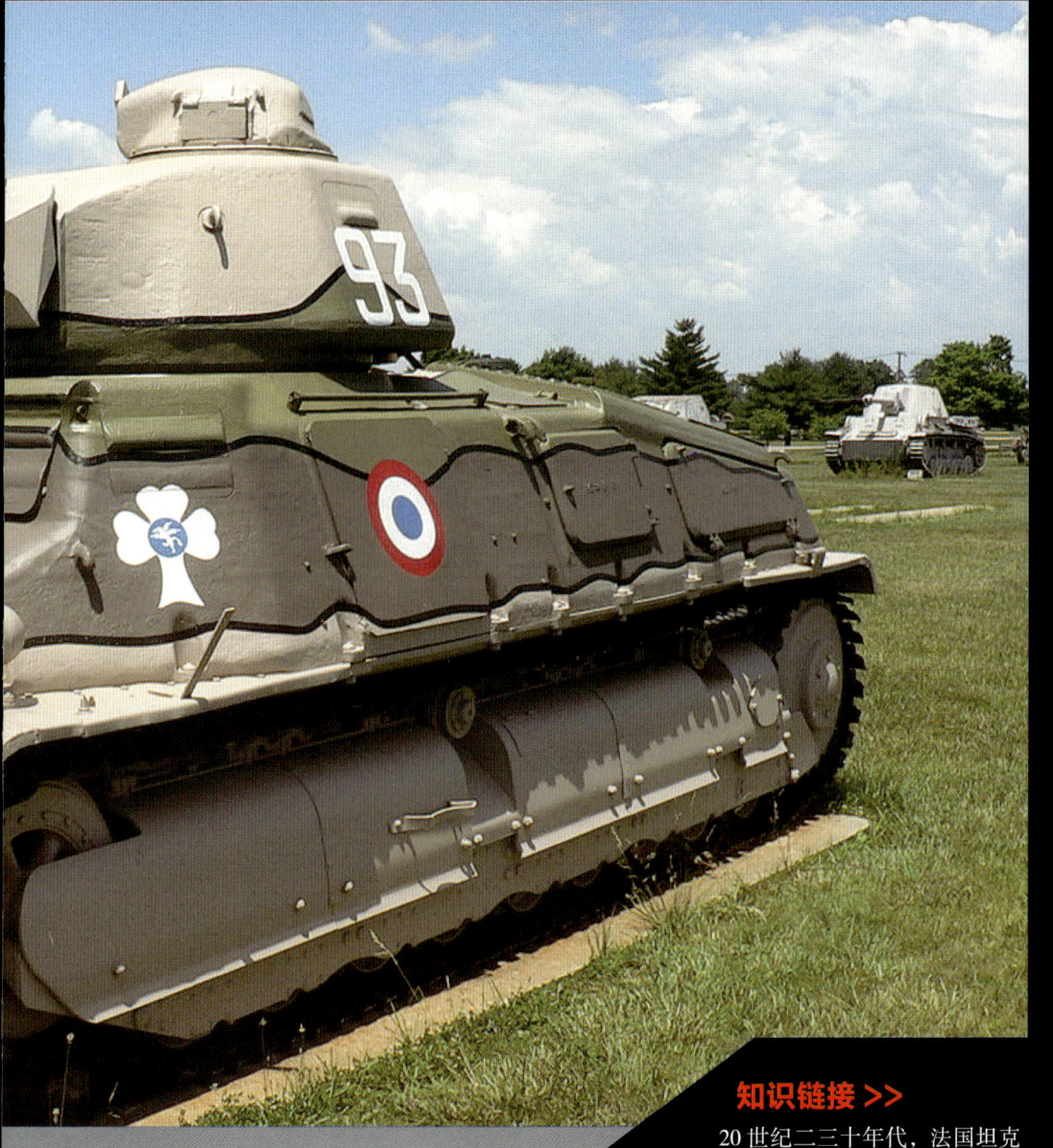

▲ "索玛" S-35 中型坦克

知识链接 >>

20世纪二三十年代，法国坦克的发展可以用"由轻到重"来概括。"轻"是指一战后法国一直受"以步兵为主体""坦克的任务是支援步兵"的观点影响，大部分法国坦克仍被编成独立的轻型坦克营，用于近距离支援步兵；"重"意味着后来法军占主导地位的观点发生了变化，"强调坦克直接协同步兵作战"。B-1和S-35等重型坦克就是这种思想指导下的产物。

CV33 / 35 / 38 超轻坦克（意大利）

■ 简要介绍

意大利 CV33 超轻坦克是根据菲亚特公司 1929 年从英国引进的 MKIV 进行少许改良以后的 CV29 发展而来的，于 1933 年定型，之后应用于入侵埃塞俄比亚的战争中。在二战中，这种薄装甲、轻火力的坦克几乎没有用武之地。CV35 和 CV38 是 CV33 的改进型。

■ 研制历程

1929 年，意大利从英国引进 4 辆卡登·洛伊德 MKIV 以及生产线，进行少许改良后，菲亚特公司以 CV29 之名制造了 21 辆坦克。后经试验发现其装甲和发动机功率不够，故全面改进后，于 1933 年定型为 CV33；1935 年将 CV33 上部外壳由焊接改为螺栓固定方式，定型为 CV35；1938 年更换了武器，同时履带和悬挂也进行改进，定型为 CV38；1939 年后，经过两次改变编号，最终称为 L3 系列。

这一系列坦克还没有马高，小巧玲珑，最初主要武器是 1 挺 6.5 毫米口径机枪，后改为双联装 8 毫米口径机枪或 13.2 毫米重机枪或 1 门 20 毫米机炮。其火力并不弱于德军的一号坦克。

该坦克将开放车身改进为密闭战斗室。战斗室后侧是防火隔墙，左右各有一个观察口。战斗室的木制地板涂有防火漆。

基本参数	
车长	3.2米
车宽	1.4米
车高	1.28米
车重	3.2吨
装甲厚度	6毫米~12毫米
最大速度	42千米/小时
最大行程	110千米

■ 实战表现

在 1935 年开始的第二次意大利入侵埃塞俄比亚战争中，CV33 被大量投入使用，面对以部族武装为主、以有限的步枪甚至长矛和弓箭作战的埃塞俄比亚军队，CV33 取得了一些战果。后来，埃塞俄比亚人将坦克引到狭窄无法转身的地带，然后从侧面攻击，并浇上汽油、点燃坦克，甚至一起用手将意军坦克推翻。依靠各种原始的手段，埃塞俄比亚一共击毁了约 20 辆意军坦克。到了二战时，大量的 L3 轻型坦克被意军用于北非作战。

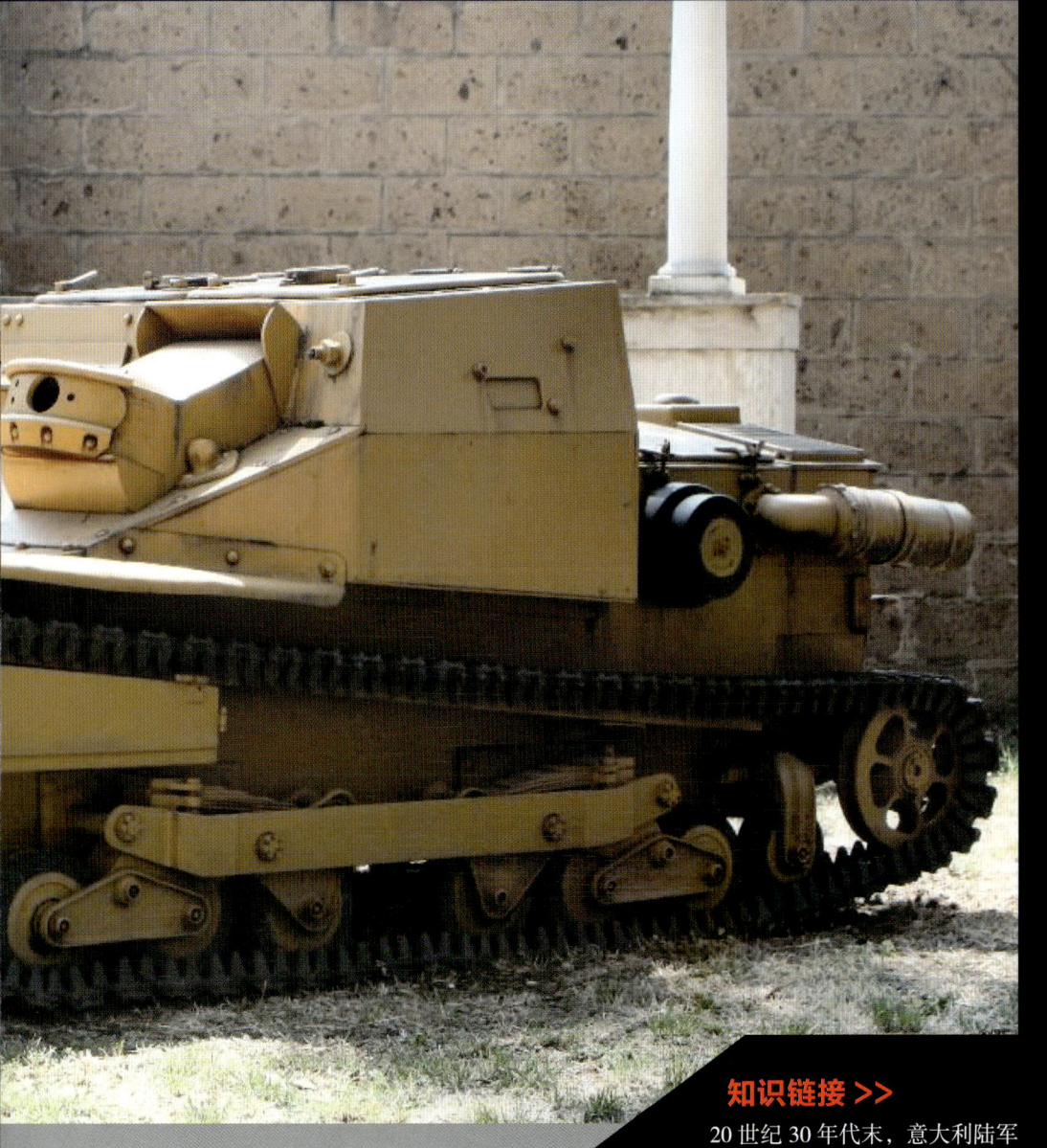

知识链接 >>

20世纪30年代末，意大利陆军曾两次更改系列坦克的名称，1938年为表示"3吨坦克"，CV33、CV35、CV38被改为CV3/33、CV3/35、CV3/38；1939年，意大利全面整理装甲车辆编号，该系列从快速坦克归类为轻型坦克，故采用了新的L3制式编号，即L3/33、L3/35、L3/38。

▲ CV33超轻坦克在保加利亚

M11/39 中型坦克（意大利）

■ 简要介绍

M11/39 是意大利于第二次世界大战初期使用的一种中型坦克。虽然是中型坦克，但该坦克的吨位与火力和同时期其他国家坦克相比，较接近轻型坦克的级别。该坦克的命名方式为"M"，是指"Medio"，即意大利语的中型坦克之意，而"11"是指该车的车重11吨。

■ 研制历程

M11/39 坦克的设计理念为：以主炮对付对手的重型坦克，用炮塔上的武器防御其他威胁。起初的设计，要装备 37/40 毫米的武器于炮塔，但后来发现空间不足而作罢。而后重新设计，把主炮成功置于炮塔，最终发展成后来的 M13/40 坦克。

M11/39 坦克除了极为贫弱的火力外，还有许多缺点：它的耐力与性能都很差，速度相当慢，机械可靠性差，装甲钢板仅能抵挡 20 毫米炮的火力，英军的 2 磅炮也能击毁它。后来意大利将 M11/39 车体进行了多次改良，才发展成较为成功的 M13/40 坦克。

基本参数

车长	4.7米
车宽	2.2米
车高	2.3米
车重	11.17吨
装甲厚度	6毫米~37毫米
最大速度	32.2千米/小时
最大行程	200千米

■ 实战表现

M11/39 坦克遭遇到英军的轻型坦克，如 MKVI 时，其 37 毫米主炮，可以充分压制 MKVI 只能防御机枪的车体装甲。然而，当 M11/39 遭遇英军的重型巡洋坦克与步兵坦克，如 A9、A10、A13 和"玛蒂尔达"步兵坦克时，这种坦克就完全处于劣势。

知识链接 >>

该车的设计主要是受到英国的"维克斯"6吨坦克的影响，特别是在履带与悬吊系统方面。在创新方面，后传齿轮被移动到前置扣链齿轮的位置上，这样的改进，使得该车不必再增加车前装甲来保护后传驱动轮。

▲ M11/39 中型坦克

L6/40

L6/40 轻型坦克（意大利）

■ 简要介绍

L6/40 轻型坦克全称"加罗阿马多"轻型坦克。1940 年该型坦克样车完成，战斗总重约 6 吨，故名 L6/40 坦克。该坦克于 1941 年开始批量生产，受机动能力和火力的限制，多执行侦察巡逻任务。

■ 研制历程

意大利人继"菲亚特"3000 和 CV33，即 L33 之后，由安萨鲁多公司开发了 5 吨的轻型坦克，后于 1940 年设计为 6 吨，1941 年秋开始投入生产。

L6/40 轻型坦克最初使用的是 1 门短管的 37 毫米 21 倍径的"维克斯"火炮。生产的车型则是安装 20 毫米"布雷达"M35 型机炮，并且具有良好的反坦克能力，辅助武器是 1 挺同轴的 8 毫米"布雷达"机枪。

虽然 L6/40 坦克采用轻装甲，但是它的装甲板的质量常常被证明优于同期装甲较重的 M13/40。

■ 实战表现

L6/40 坦克第一次行动是在 1941 年年底进行侦察任务。L6/40 虽然作为一款有效的侦察坦克被部署在骑兵和侦察部队，但是由于 1941 年中型坦克的不足，该坦克很快便成为主力，被部署在装甲部队中。

基本参数	
车长	3.78 米
车宽	2.03 米
车高	1.92 米
车重	6.8 吨
装甲厚度	6 毫米~40 毫米
最大速度	42 千米/小时
最大行程	200 千米

知识链接 >>

　　L6/40一共生产了283辆，绝大多数部署于东线战场。面对同盟国军队的轻型装甲部队以及轻步兵部队时，L6/40表现得比意军的中型坦克略好，但其数量不多，难以满足战场的需求。意大利还曾在L6/40的底盘上打造出一款轻型坦克歼击车，安装1门性能优异的47毫米反坦克炮，但最终未能发挥作用。

▲ L6/40轻型坦克

7TP

7TP 轻型坦克（波兰）

■ 简要介绍

7TP 轻型坦克是波兰在第二次世界大战之前，以英国的"维克斯" 6 吨坦克为原型生产的一种重要坦克。该坦克于 1934 年完成最初设计，1935 年春开始生产，从此，这种轻型坦克开始装备波兰军队，一直服役到波兰沦陷。

■ 研制历程

1931 年，波兰从英国购买了 50 辆"维克斯" 6 吨坦克。1934 年在"维克斯"坦克的基础上发展出了本国的轻型坦克，被命名为 7TP。不过 7TP 双炮塔型被认为是一种过渡方案，所以仅生产了 24 辆，以后生产的都是单炮塔型。

7TP 轻型坦克的主要武器是 1 门 37 毫米"博福斯"反坦克炮，同时还有 1 挺"勃朗宁" 7.92 毫米口径机枪。

1936 年年末，波兰生产出第二种 7TP 单炮塔型坦克的改型车，并于 1937 年年末投入批量生产；1938 年，在炮塔上安装了储物箱，用以容纳无线电设备。

基本参数

车长	4.56 米
车宽	2.43 米
车高	2.27 米
车重	7 吨
装甲厚度	9.5 毫米~17 毫米
最大速度	37 千米/小时
最大行程	160 千米

■ 实战表现

1939 年 9 月，波兰军队只拥有 136 辆 7TP 轻型坦克（24 辆双炮塔型，97 辆单炮塔型，11 辆 1939 年 9 月生产的单炮塔型和 4 辆样车），装备了波兰 2 个轻型坦克营和其他部队。整个波兰战役证明，7TP 轻型坦克能够有效打击当时所遭遇的所有德军装甲车辆。但是，由于 7TP 最终只生产了 169 辆，数量少加上战术不合适的问题，因此并没有发挥太大作用。

知识链接 >>

作为二战前及早期波兰最优秀的坦克，7TP 曾引发瑞典、保加利亚、爱沙尼亚、荷兰、土耳其、南斯拉夫、希腊等国的兴趣，但由于波兰政府没有同意或其他原因，交易终未达成。

▲ 7TP 轻型坦克

L-60 轻型坦克（瑞典）

■ 简要介绍

L-60 轻型坦克是瑞典积累了 20 年的坦克研制经验之后，在之前 M-37 坦克的基础上推出的一种设计先进的坦克。经过数次改进，L-60 坦克形成了一个系列，成为瑞典中型坦克诞生之前的装甲部队的核心力量。

■ 研制历程

一战结束之后，瑞典获得了德国在战争末期研发但未能投产的 LK-2 轻型坦克，通过仿制、改进得到了本国的第一款坦克 M-21，之后，又有了其改进型。在积累了将近 20 年的经验后，瑞典工程师于 20 世纪 30 年代推出了令人眼前一亮的 L-60 轻型坦克的设计方案。

L-60 坦克早期只装备了 1 门 20 毫米炮和 1 挺机枪，随后兰德斯维克公司继续改进，L-60 S/1 方案面世时，换用了 1 门 37 毫米"博福斯"反坦克炮，虽然口径仍较小，但炮身管长，长径比很高，且火炮制作精良，配备的穿甲弹也威力不俗。这种火炮的性能在当时属于非常优秀的水平，它可以在 274 米以内击穿倾角为 60° 的 40 毫米装甲板。

同时，新式的引擎也为这种加强提供了足够的动力。除此之外，L-60 坦克的其他性能也均有提升。

基本参数

车长	4.5米
车宽	2.4米
车高	2.3米
车重	6.6吨
装甲厚度	5毫米~15毫米
最大速度	40千米/小时
最大行程	201千米

■ 实战表现

1940 年，L-60 S/3 定型，随后于次年正式定名为 M-40L，进入瑞典陆军服役。M-40L 在当时堪称世界一流轻型坦克，共生产了 100 辆，构成了瑞典陆军装甲部队的主力。

知识链接 >>

瑞典人逐渐掌握了坦克的设计技巧,因此L-60性能优良,为瑞典军工塑造了第一块口碑。直到20世纪60年代,L-60坦克还被用于局部战争。除装备瑞典军队之外,L-60坦克还出口给了匈牙利和爱尔兰,匈牙利在其基础上生产出了38M"托尔第"轻型坦克。

▲ L-60轻型坦克

M-42 中型坦克（瑞典）

■ 简要介绍

M-42 中型坦克是瑞典军方于 1942 年在 L-60 的基础上加长车体、加大车宽的改进型，并装有 75 毫米口径火炮，基本上可以满足中型坦克的性能要求。不过由于瑞典在二战中保持中立，未遭战火波及，所以 M-42 其实并未投入实战使用。

■ 研制历程

20 世纪 30 年代末期，战争的乌云已经笼罩了欧洲大地。瑞典军方决定扩大坦克部队的规模，并研制中型坦克。兰茨沃德公司在 L-60 基础上加长加宽车体，并装上 75 毫米口径火炮，1941 年 11 月将改装后的坦克定名为 M-42 中型坦克。

M-42 的主要武器是 75 毫米加农炮，身管的长径比为中等，这在当时世界上是不多见的；辅助武器为双管 8 毫米 M-39 型并列机枪，这说明瑞典军方除了重视坦克打坦克外，也重视对付步兵的火力。

M-42 中部的战斗室很有特色。炮塔能 360° 旋转，炮塔上部右侧为车长指挥塔门，四周有潜望式观察镜；炮塔的左右两侧各开了一个小门，便于向车内补充弹药，也便于炮塔内乘员用手枪向外射击，门上还有观察孔；炮塔后部两侧各装了一个备用负重轮。

基本参数

车长	6.2 米
车宽	3.5 米
车高	3 米
车重	22.5 吨
装甲厚度	9 毫米~50 毫米
最大速度	42 千米/小时
最大行程	300 千米

■ 实战表现

瑞典在二战中保持中立，未遭战火波及，所以 M-42 虽然生产后列装了瑞典军队，但其实并未投入二战的实战使用。不过二战后，瑞典军方将 M-42 坦克编入了陆军坦克旅的重型坦克连继续在第一线服役。到 20 世纪 50 年代，瑞典军方引进了英国的"百夫长"中型坦克，M-42 才从第一线退下来，被编入二线部队。

知识链接 >>

单从性能指标来看,在20世纪40年代初期,M-42中型坦克是一款性能相当不错的坦克。由于它没有参加过实战,可靠性怎样还很难说。不过从那时起,瑞典的武器装备就凸显出"另类"的色彩。二战后,瑞典出现了S坦克、"鹰狮"战斗机、"维斯比"隐形战舰等极富创造性的兵器。

▲ M-42 中型坦克

TURAN
"突朗"系列中型坦克（匈牙利）

■ 简要介绍

"突朗"系列中型坦克是匈牙利在引进捷克斯洛伐克的 T-21 和瑞典的 L-60 后，先成功地将其改进成 "38M 多尔第" 轻型坦克并投产，然后在此基础上改进而成的。由于匈牙利遭到德国入侵，最后只有 1 辆 "突朗 75 长炮身型" 坦克被送到前线的匈牙利坦克兵手中参加了实战。

■ 研制历程

1939 年，匈牙利开始考虑国产坦克的计划，但由于工业基础较差，所以买下了瑞典 L-60 轻型坦克的生产许可，成功地将其改进成 "38M 多尔第" 轻型坦克并投产。1940 年，匈牙利又在捷克斯洛伐克的 T-21 坦克基础上做了很大改进，将改进型号定名为 "40M 突朗"。

"突朗"中型坦克的主武器为 1 门 51 倍径 40 毫米炮，基本上与德国三号坦克的早期型号性能相近，后来改用了 75 毫米炮，为了容纳这门火炮，匈牙利工程师为 "突朗" 设计了一个外形有些怪异的大炮塔，并在车体两侧和炮塔后部加装了附加装甲板，大大提升了其防护能力。

之后又衍生出了 "41M 突朗" "43M 突朗" 等型号。"43M 突朗" 又分为 "突朗 75 短炮身型" 和 "突朗 75 长炮身型"。后者是将仿制德国 43 倍径 KwK40 型 75 毫米炮安装到 "突朗"的炮塔中。

■ 实战表现

从 1942 年年初至 1943 年年底，"40M 突朗" 被发放到匈牙利第一、第二装甲师和第一骑兵师，从此成为二战初期匈牙利装甲部队的核心力量。但不久匈牙利就投降德国，"突朗" 系列坦克从而变为轴心国中重要的装甲车力量。1943 年 1 月，匈牙利第一装甲师陷入苏联军队包围，最后全军覆没。全师只剩 6 辆坦克和自行火炮。这证明 "38M 多尔第" 和 "40M 突朗" 无法对抗 T-34 坦克。

基本参数

车长	5.55 米
车宽	2.44 米
车高	2.39 米
车重	18.2 吨~23.3 吨
装甲厚度	20 毫米~80 毫米
最大速度	47 千米 / 小时
最大行程	165 千米

知识链接 >>

"突朗"之名取自匈牙利传说，是典型的亚洲人名字。据说阿提拉死后，匈奴帝国分裂，一部分匈奴人在东欧定居与当地印欧语系人（即雅利安人）通婚，其后代成为现在的匈牙利人，匈牙利即"匈奴化的雅利安人"。

▲ "40M 突朗"坦克

RAM
"公羊"系列巡洋坦克（加拿大）

■ 简要介绍

"公羊"系列坦克是加拿大于1941年开始自行制造的中型坦克。它利用美国M3的底盘，仿造英国的"范伦泰"步兵坦克，由安格斯太平洋铁路工厂生产，在设计和命名方面深深地打上了美英坦克的烙印。

■ 研制历程

1940年，随着法国沦陷，英国遭受德军轰炸，英加两国建造了加拿大蒙特利尔机车厂。采用美国新研制的M3中型坦克作为底盘，车体和炮塔仿照英国"范伦泰"步兵坦克，研制出了"公羊"Ⅰ型巡洋坦克。之后进行了改进，又研制出了"公羊"Ⅱ型中型坦克。

"公羊"Ⅰ坦克的主要武器为1门英国造的火炮，口径40毫米，火炮的高低俯仰为手动操纵，炮塔旋转为液压操纵或手动操纵；辅助武器为3挺7.62毫米口径机枪，1挺为并列机枪，1挺为高射机枪，还有1挺为车体前机枪。

"公羊"Ⅱ坦克的最大改进之处是换装了火炮，口径57毫米。其他的重要改进有：车体右侧的小机枪塔由通用的球形枪座取代，改进了悬挂装置和离合器，采用了新式的空气滤清器。

基本参数

车长	5.79米
车宽	2.77米
车高	2.67米
车重	29.5吨~31吨
装甲厚度	38毫米~76毫米
最大速度	40千米/小时
最大行程	232千米

■ 实战表现

在1941年6月到8月的阿留申群岛战役期间，不了解日军佯攻企图的加拿大军队曾将手中为数不多的装甲部队全部调往西海岸防备日军偷袭。但之后由于M4中型坦克已经能满足同盟国军队各战线的需求，所以在1943年"公羊"Ⅱ型坦克便停产，所产车辆仅供训练使用。

▲ 士兵在"公羊"坦克前合影

知识链接 >>

1000多辆"公羊"坦克在二战中还没来得及一试身手便"退居二线"了。然而,"公羊"并没有销声匿迹,经简单的改装,去掉了坦克上的炮塔和火炮,在车体内装上固定的长椅,便被制成了装甲输送车。它们被形象地称为"袋鼠"。因为"袋鼠"车的越野机动性好,防护性又高于半履带式装甲输送车,所以出现了同盟国军队官兵争坐"袋鼠"车的场面。

SENTINEL
"哨兵"巡洋坦克（澳大利亚）

■ 简要介绍

"哨兵"巡洋坦克是二战时由澳大利亚设计的第一种使用铸造车体的巡洋坦克，也是澳大利亚唯一能够量产的坦克。它的设计目的是防备日本对澳大利亚发起进攻，但因为日本并没有直接入侵，英美也为澳大利亚提供了其生产的坦克，该种坦克在少量生产后，就停止了生产。

■ 研制历程

1940年11月，澳大利亚军方提出了设计指标，并决定聘请英国的坦克专家为设计师，新型坦克的研制代号为AC1巡洋坦克。1942年1月，AC1坦克的样车完成了，1942年8月正式命名为"哨兵"巡洋坦克。最初，其炮塔的样式比较接近英国的巡洋坦克，后为了能与德国坦克抗衡，设计指标更偏向于美式的中型坦克。

"哨兵"坦克主武器为1门40毫米口径炮，备弹130发；副武器为2挺7.7毫米口径机枪，备弹4250发。它安装了3台"凯迪拉克"V8发动机，功率大、速度快，装甲造型带着浓郁的英式风格，但其装甲厚度远胜同时期的英国巡洋坦克。而结合战斗全重来看，"哨兵"坦克优于M3中型坦克。

基本参数	
车长	6.32米
车宽	2.77米
车高	2.56米
车重	28.4吨
装甲厚度	45毫米~65毫米
最大速度	60.4千米/小时
最大行程	240千米

■ 实战表现

"哨兵"坦克生产数量很少，并且从始至终都没有装备部队进行实战。因为军方认为，与其在研发坦克上耗费如此多的精力，还不如采购更多的美式坦克。二战结束，所生产的65辆"哨兵"坦克被用于教学及培训使用或封存起来。

知识链接 >>

　　"哨兵"坦克虽然没能获得在二战中证明自己实力的机会,但却在1944年的电影《托布鲁克的战鼠》中,大放异彩。影片中,"哨兵"坦克扮演了德国坦克。该片主要讲述一个英国人和两个澳大利亚人被送到北非参加重大战役,并做出突出贡献的传奇故事。

▲ "哨兵"巡洋坦克

T26E4 中型坦克（美国）

■ 简要介绍

"超级潘兴"是美国于1945年研制的坦克，其中最著名的就是T26E4型，它是在T26E1坦克基础上，换装了新型90毫米T15E1火炮提升火力的产物。这种坦克于1947年1月由于火炮和载重机制的问题停产，当时已建造25辆，但从未服役。

■ 研制历程

1945年3月，安装90毫米口径火炮的"潘兴"坦克被正式命名为T26E4型，并得到"超级潘兴"的昵称。

T26E4"超级潘兴"原本设计主武器为90毫米T15E1火炮的提升版T15E2。这门新型火炮具有更高的初速，在使用T33穿甲弹时，可在2377米以上击穿德国"黑豹"坦克前装甲，其火力与德军"虎"Ⅱ的88毫米 KwK 43L相当。

同时，在原有的T26E1-1号基础上，"超级潘兴"在炮盾前面焊上了一块从"黑豹"首上切割下来的80毫米装甲，车体正面加装了双层的V形38毫米装甲，并且在炮塔侧面挂上了备用履带，以增加防护性。

虽然"超级潘兴"添加了7吨的附加装甲，但是其最高速度仅仅降低了8千米，它的404千瓦的引擎很好地证明了自己。

基本参数

车长	10.31米
车宽	3.51米
车高	2.77米
车重	43.58吨
装甲厚度	50毫米~114毫米
最大速度	40.25千米/小时
最大行程	160千米

■ 实战表现

T26E4"超级潘兴"计划实施后，人们都希望能尽快让这种坦克装备入列，与德军的"虎王"坦克进行对决，然而直到战争结束时，它竟然没有机会与"虎王"相遇。到了1947年1月，T26E4更由于火炮和载重机制的问题停产，当时已建造的25辆并未在二战时服役。但其衍生类型M46"巴顿"在后来却成了美军的主力坦克。

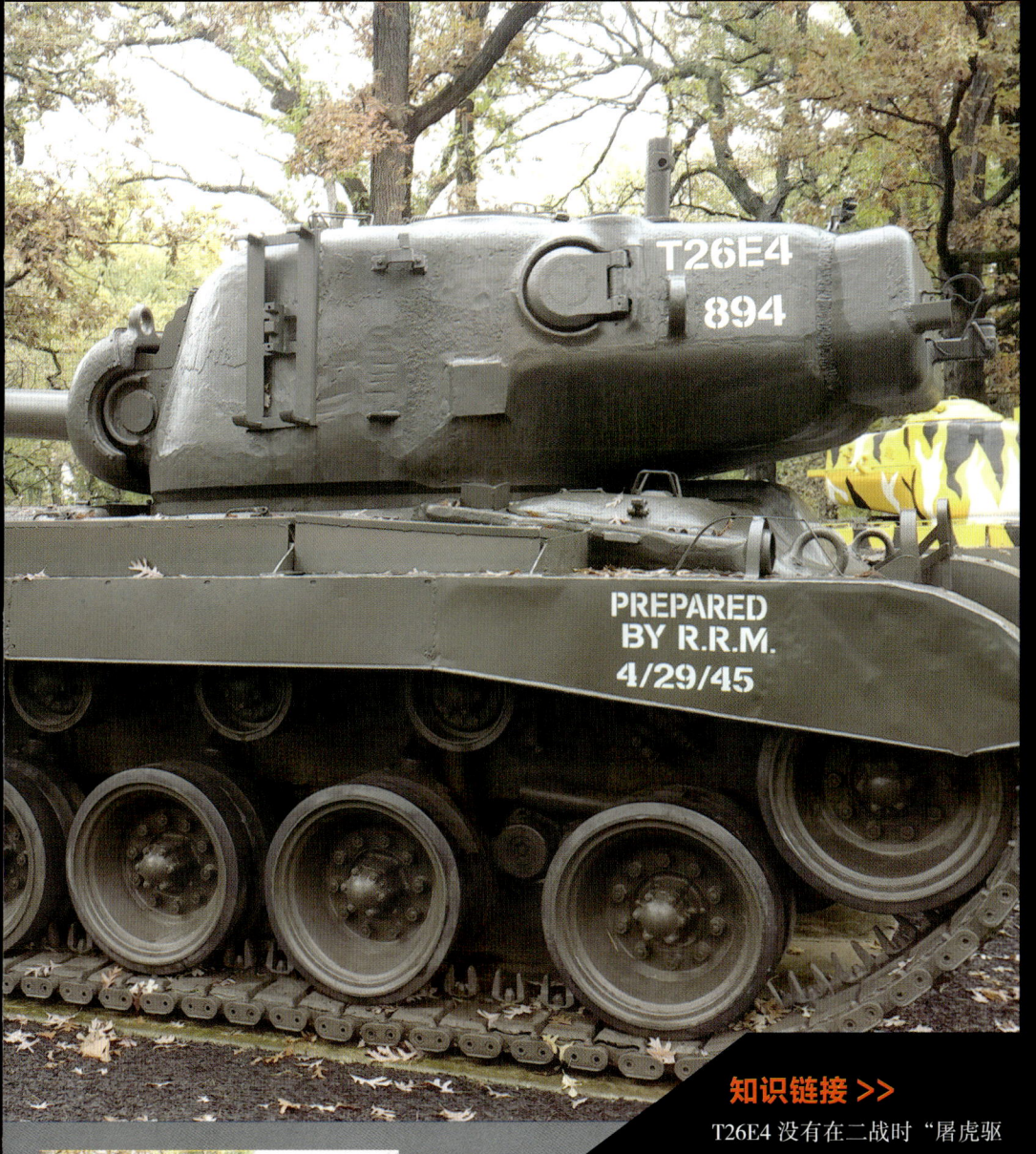

知识链接 >>

　　T26E4 没有在二战时"屠虎驱豹",但如今却成为游戏《坦克世界》中的一种主力坦克。它是由德国"黑豹"经简单切割后改造而来的,因此军迷中流传着这样一句话:没有买卖就没有杀害,每制造一台"超潘",就有一头"黑豹"被杀害。

▲ 装有 73 倍径 T15E1 主炮的 T26E4

M46 中型坦克（美国）

■ 简要介绍

M46 中型坦克是美国于 1948 年通过改进"潘兴"系列中 M26E2 中型坦克而成的一型坦克，也是战后面对苏军强大的装甲力量而研制的应急之作。

■ 研制历程

二战后，美苏对抗局面日益紧张，为抗衡苏军强大的装甲力量，美国决定研制一批新型坦克，其中一款是把"潘兴"系列中的 M26E2 改进了，陆续安装了新的发动机、传动装置和新型火炮。1948 年 7 月，该新型坦克正式定名为 M46"巴顿"中型坦克。

M46 和 M26 的主要区别是火炮、发动机和传动装置不同。火炮是 1 门 M3A1 型 90 毫米口径加农炮，带有引射排烟装置，可以射穿"虎"式坦克的正面装甲，精度高、射程远。

M46 的发动机为"大陆"AV-1790-5 型 V 型风冷汽油机，该发动机两排气缸的夹角为 90°，因而高度降低，给风扇提供了安装位置，从而保障了冷却的可靠性。此外，由于采用了液力变矩器和双功率流转向机构，坦克起步平稳，加速性能好，操纵轻便。

基本参数	
车长	8.48米
车宽	3.51米
车高	3.18米
车重	44吨
装甲厚度	40毫米~101毫米
最大速度	48千米/小时
最大行程	130千米

■ 实战表现

美国本计划用 1 年的时间，到 1950 年 12 月共改造 1300 辆该型坦克，不料刚刚改造了 300 余辆，改造计划便中止。还没有改造的 M26"潘兴"和已经改造的 M46"巴顿"，一同被送往战场。

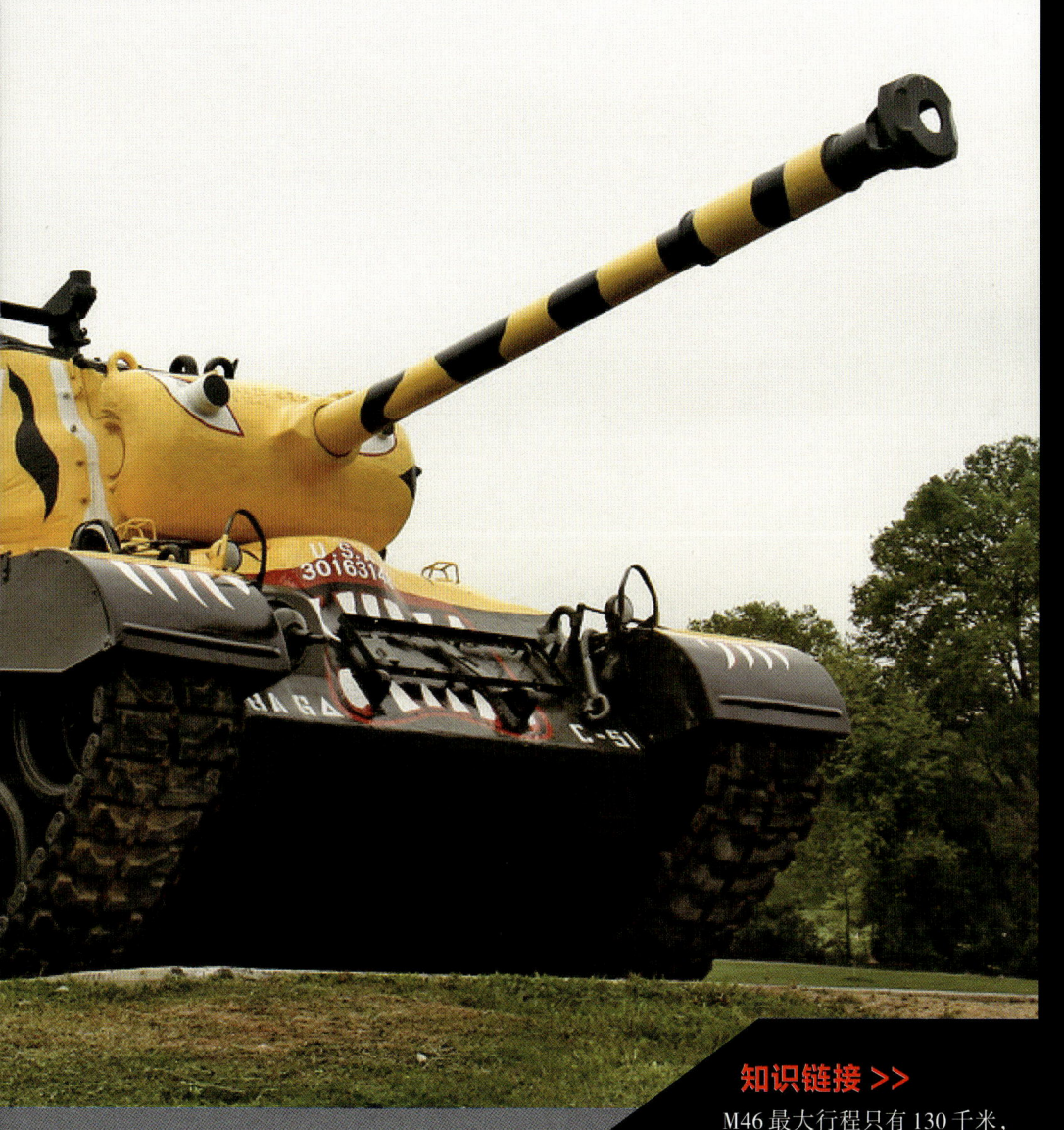

知识链接 >>

M46最大行程只有130千米，这是一个巨大的硬伤。苏军的T-34的最大行程可以达到300千米，德军的"黑豹"也能达到250千米，比M46要强得多。

▲ M46 中型坦克

M47 中型坦克（美国）

■ 简要介绍

M47 中型坦克是美国于二战后研制的，仅作为过渡性替代产品，没能用于实战，后来很快就被 M48 坦克所取代，在 20 世纪 50—70 年代，成为美国陆军和北约部队装备的第一代主战坦克。

■ 研制历程

1948 年，美国研制出 M46 "巴顿"坦克，1950 年 8 月将其投入战场，结果发现，M46 重型坦克实战效果并不好。美国底特律坦克厂和美国机车公司于是对其进行了改进，改善了 M46 的前装甲倾角，取消了其驾驶员和航向机枪手间的风扇壳体，从而研制出了 M47 中型坦克，也称"巴顿"坦克。

M47 中型坦克的主要武器是 1 门 M36 式 90 毫米口径火炮，该炮采用立楔式炮闩，炮口装有 T 形或圆筒形消焰器，有炮管抽气装置，M78 型炮架由防盾和液压同心式反后坐装置组成。炮塔可 360° 旋转，有效反坦克射程是 2000 米，能发射如穿甲弹、榴弹、教练弹和烟幕弹等多种炮弹。在主炮左侧安装有 1 挺 7.62 毫米 M1919A4E1 式并列机枪，车首装有相同型号的航向机枪。

基本参数

车长	8.55 米
车宽	3.51 米
车高	3.01 米
车重	45.8 吨
装甲厚度	25 毫米~101 毫米
最大速度	48 千米 / 小时
最大行程	600 千米

■ 实战表现

第一批装备 M47 的是美国陆军装甲师，直到 1952 年夏季。从 1951 年到 1953 年，M47 还在一线装备，但在美军于 1955 年宣布新的装备标准后，逐渐被 M48 坦克取代。1957 年后，在美军步兵师战斗群突击炮排中仍然装备着 M47，之后 M47 便开始在预备役部队留用。1960—1963 年，M47 被全部销往国外。

知识链接 >>

对美国而言，M47更像是一种"权宜之计"下的坦克，但它的确作为美国第一代主战坦克，彻底取代了M46"巴顿"、M26"潘兴"和M4"谢尔曼"坦克。它在美国服役的时间只有几年，但8000余辆的产量不容小觑。此外，M47还被出售给其他国家和地区，担负起第一代主战坦克的职责。

▲ M47中型坦克

M48 中型坦克（美国）

■ 简要介绍

M48 中型坦克是美国陆军第三代"巴顿"系列坦克。其设计以 M47"巴顿"为基础进行改良，总生产量为 11730 辆，于 1953 年被美军列入装备，是冷战时期著名的中型坦克。除美国外，希腊等国也装备使用了该型系列坦克。

■ 研制历程

M47 中型坦克是过渡性产品，因此在生产该坦克的同时，底特律坦克厂于 1950 年 10 月开始研制新的装有 90 毫米口径火炮的坦克。同年 12 月，美国陆军正式要求克莱斯勒公司在 T43 的基础上，减少体积重量后研制新型 T48 坦克，次年 12 月完成首辆样车。

M48 中型坦克的主要武器是 105 毫米线膛炮，可选用多种炮弹，包括 M580 曳光杀伤弹、M82 曳光被帽穿甲弹等；辅助武器包括 1 挺 7.62 毫米口径机枪，车长指挥塔上安装 1 挺 12.7 毫米 M2 式高射机枪，并配有夜间红外观瞄仪器。

M48 系列坦克均采用整体铸造成型车体，车头和车底均采用船身的圆弧形，炮塔是圆形的，不同部位的装甲厚度不等，具有相当好的装甲防护力。M48A2、A3 和 A5 坦克则采用制式三防装置。

■ 实战表现

M48"巴顿"中型坦克作为主战坦克，在美军中服役时间很长，从 20 世纪 50 年代初一直到 1990 年退役。另外还有许多国家也装备了该型坦克。

基本参数

车长	6.9米
车宽	3.63米
车高	3.28米
车重	49吨
装甲厚度	25毫米~120毫米
最大速度	48千米/小时
最大行程	463千米

▲ M48 中型坦克

知识链接 >>

乔治·巴顿（1885—1945）是美国陆军四星上将，也被称为二战同盟国军队最优秀的装甲指挥官，同时也是整个二战中最璀璨的将星之一。巴顿将军率领第三集团军，令德军闻风丧胆，更让美军赞叹不已——突破、包抄、歼灭瞬间完成，实为装甲兵将领中的豪杰。为了纪念巴顿将军，美国的M46、M47、M48、M60坦克均以"巴顿"命名。

M60 中型坦克（美国）

■ 简要介绍

M60 中型坦克是美国陆军为了取代 M48 而研制的第四代，也是最后一代的"巴顿"系列坦克。该坦克在冷战时期主要当作主战坦克使用，除装备美国军队外，还出口到以色列、埃及、奥地利、沙特阿拉伯等 17 个国家和地区。

■ 研制历程

第二次世界大战后，美苏两大集团进入对峙状态，苏联生产的装备有 100 毫米口径火炮的 T-54 中型坦克陆续进入原华约国家陆军中服役。为了对抗这些坦克，美国克莱斯勒公司于 1956 年开始研制新一代主战坦克，1959 年 3 月定型为 M60 "巴顿"中型坦克。

M60 "巴顿"中型坦克的主要武器是 105 毫米 M68 式线膛火炮，该炮带有炮管抽气装置，无炮口制退器，采用同心液压-弹簧式反后坐装置和立楔式炮闩，火炮俯仰靠液压操纵，炮管可在野战条件下更换和拆卸，训练有素的乘员能在 1 分钟内发射 6 发～8 发炮弹。

同时，M60 采用了改进型火控系统和柴油机等，行程大为提高；在火控系统方面，先后装备了机电模拟式计算机、火炮电液双向稳定系统、乘员被动式夜视装置，使其作战能力整体加强。

基本参数	
车长	9.3 米～9.43 米
车宽	3.63 米
车高	3.2 米
车重	49.7 吨～52.6 吨
装甲厚度	64 毫米～178 毫米
最大速度	48 千米/小时
最大行程	500 千米

■ 装备情况

1960 年，M60 "巴顿"中型坦克开始列入美军装备，从此成为美国陆军 20 世纪 60 年代以来的主要制式装备。

知识链接 >>

即使在现如今，M60 仍是很多国家陆军装备的中坚力量。甚至还出现了不少改型的 M60，其中最为先进的就是使用 M1A1 "艾布拉姆斯" 坦克的炮塔和火炮的 M60-120S，由此可见 M60 对世界坦克发展的重要影响。

▲ M60 中型坦克

M41 轻型坦克（美国）

■ 简要介绍

M41 轻型坦克（代号"华克猛犬"）是美国于二战结束后不久，由 M24 轻型坦克改进研制而成的，于 1951 年投产，1953 年列入美军装备，主要用于装甲师侦察营和空降部队，遂行侦察、巡逻、空降以及同敌方轻型坦克和装甲车辆作战等任务，被许多国家和地区使用至今。

■ 研制历程

M24 是公认的美国非常成功的轻型战车，但随着坦克的发展，它所搭载的主炮在面对装甲目标时却显得较为无力。因此，美国陆军于 1947 年开始发展一型新式坦克，1949 年定名为 T41 计划，1951 年开始量产时称 M41 的轻型坦克，昵称"小斗牛犬"。

M41 的主要武器是 1 门 76 毫米 52 倍口径 M32 型火炮，该炮采用立式滑动炮门、液压同心式反后坐装置、惯性撞击、射击机构，发射定装式弹药，可发射如榴弹、破甲弹、穿甲弹、榴霰弹、黄磷发烟弹等；1982 年又装备了尾翼稳定脱壳穿甲弹，能击穿部分主战坦克装甲。

M41 的制式设备包括加温器、涉深水装置、电动排水泵，最后一批生产的坦克上，还在火炮上方安装了红外探照灯。

基本参数	
车长	8.2 米
车宽	3.19 米
车高	3.07 米
车重	23.5 吨
装甲厚度	9.25 毫米~31.75 毫米
最大速度	72 千米/小时
最大行程	161 千米

■ 实战表现

在实战中，M41 坦克行走装置有 5 个负重轮，3 个拖带轮，1 个诱导轮以及置于尾部的主动轮。M41 坦克在第一、二、五个负重轮上，安装了扭杆悬挂装置和液压减震器。大功率发动机和相对较轻的整车质量，使该坦克成为一款可以快速机动的作战坦克。

知识链接 >>

　　M41轻型坦克的最终版本在丹麦军队中服役。20世纪80年代中期，丹麦人在原有基础上为M41换装了美国"康明斯"VTA-903T柴油发动机，安装了烟幕弹发射器，在炮塔中安装了NBC系统以及灭火设备。炮手瞄准镜升级至热成像，并且为驾驶员和车长配备了夜视仪。

▲ M41轻型坦克

M551 轻型坦克（美国）

■ 简要介绍

M551 轻型坦克（亦称"谢里登"坦克）是 20 世纪 60 年代初美国研制的大火力轻型坦克，1962 年年底制成首批样车，并于 1963 年年初交付部队试验，1967 年，部分入列美国装甲骑兵侦察营。此后至 1970 年也供给空降师使用。

■ 研制历程

20 世纪 60 年代，美国通用汽车公司开始研制一种新的轻型大火力坦克，1962 年年底制成首批样车，并于 1963 年年初交付部队试验，最后定型为 M551 轻型坦克，并以美国怀俄明州北部大平原西缘的铁路枢纽和农矿交易中心"谢里登"命名。

M551 的体积较小，足够塞入 C-130 运输机，车体用 7039 铝装甲焊接而成，重量不足 16 吨，低于 C-130 的最大载重 19 吨。M551 轻型坦克完全可以用 C-130 运输机投送。

虽然很轻，但 M551 坦克的火力强大，其 152 毫米口径火炮既可发射各类多用途的破甲弹、榴弹等，又可以发射反坦克导弹，并且采用了"橡树棍"反坦克导弹，射程 3000 米，最大垂直破甲厚度 500 毫米。这样的火力，足够击穿当时苏联的 T72 坦克的装甲。

基本参数	
车长	6.29 米
车宽	2.81 米
车高	2.94 米
车重	15.83 吨
装甲功率	221 千瓦
最大速度	70 千米/小时
最大行程	600 千米

■ 实战表现

海湾战争前期，M551"谢里登"坦克被送往沙特军事基地，帮助 82 师协防刚开辟的前进基地。后来，随着为期 100 个小时的地面战的打响，部分 M551 也参与了对伊拉克装甲部队的战事，但全程只获得了 8 次发射"橡树棍"反坦克导弹的机会。

知识链接 >>

M551 轻型坦克的设计者在一开始就将互相矛盾的任务强加到这个小平台上，并为此而使用没有经过多少实际检验的超前技术。在尚没有通用装甲车族概念的时代，设计者也没有考虑通过换装不同模块，让不同的 M551 执行不一样的任务。因此，"谢里登"坦克就只能以一种不伦不类的姿态出现在较尴尬的位置，是美国历史上的较差坦克项目。

▲ M551 轻型坦克

T-44 中型坦克（苏联）

■ 简要介绍

T-44 中型坦克是苏联 20 世纪 40 年代中期在 T-34 / 85 坦克基础上重新研发的加强了防护能力的新型坦克。该坦克将自制坦克的长处与同盟国军队和德国坦克的优点相结合，并依照实战经验积累发展，可谓二战中坦克的"集大成者"。

■ 研制历程

1944 年年初，经过库尔斯克激战，苏联第 520 设计局开始研制新的中型坦克，目标是制成与德国"黑豹"坦克相同装甲防护水平的中型坦克。同年 2—3 月间完成了新型坦克样车的试制，7 月正式定型为 T-44。

T-44 的主要武器是 1 门 85 毫米口径 BAV-53 型坦克炮，能发射普通穿甲弹、被帽穿甲弹和超速穿甲弹（即脱壳高速穿甲弹）。普通穿甲弹在 1000 米的距离上可垂直穿甲 99 毫米。在近距离被帽穿甲弹的穿深要更大；而超速穿甲弹在 1000 米的距离可垂直穿深 107 毫米。

T-44 装甲厚度达到 120 毫米，大大增强了其防护性。同时，它采用了横置的发动机布置，压缩了车体，减小了被弹面积，使得 T-44 坦克具有二战重型坦克的防护水平，同时仍然保持着中型坦克的重量和机动。

基本参数	
车长	7.65米
车宽	3.18米
车高	2.41米
车重	31.8吨
装甲厚度	25毫米~120毫米
最大速度	51千米/小时
最大行程	300千米

■ 实战表现

有资料显示，1945 年 8 月时，有一批 T-44 坦克被装船运往远东，参加对日作战。不过战争很快结束，它并没有更多的表现。到 1947 年，T-44 总产量为 1823 辆。由于这时 T-54 中型坦克出现了，T-44 便"退居二线"，作为训练坦克和备用坦克之用，其底盘也曾被用于制造自行火炮、坦克牵引车、工程坦克等，一直到 20 世纪 70 年代才彻底退出现役。

▲ T-44 中型坦克

知识链接 >>

没有在实战中一展身手的T-44坦克到了20世纪60年代以后，却在"另一个战场"上做出了新的贡献——用来拍电影。当时为了拍摄表现二战中大规模战争场面的影片，需要动用大量的坦克，但二战期间的T-34坦克已经所剩无几，与当时苏军的T-54/55和T-62坦克相比，无疑T-44坦克更"古老"些，于是拍摄者将其稍加改装，用来充当T-34坦克。

T-54/55 主战坦克（苏联）

■ 简要介绍

T-54/55 坦克是苏联在二战结束前开始设计的主战坦克，量产开始于 1947 年。其后，T-54/55 型坦克迅速成为苏联及华约国家的装甲主力。

■ 研制历程

第二次世界大战结束前，苏联发现 T-44 型坦克炮塔太小，只能容下 85 毫米坦克炮。于是，装备口径为 100 毫米的坦克炮就成了新型坦克的改进重点。1944 年 10 月，OKB-520 设计局开始了 T-54 型的最初设计。1945 年，新型坦克被苏联军方定名为 T-54 型，1947 年开始量产。1955 年，已经进入了冷战前期，为适应在核战争中产生的冲击波，苏联军方在 T-54 的基础上加装了"三防"系统，以增强对早期核辐射的放射沾染防护力，其改装型，即 T-55 型坦克。

T-54 坦克的铸造炮塔有比较理想的防弹外形；车体低矮、装甲板有良好的倾角是该坦克提高生存力的主要措施；后期还装有热烟幕施放装置。该坦克的主要武器是 1 门 100 毫米口径的线膛炮，最大射程为 16 千米，早期未装火炮稳定器，至 T-54A 型开始装有高低向火炮稳定器。

■ 实战表现

T-54/55 系列坦克与 T-62 坦克是苏联装备最多的两种坦克，在 20 世纪 70 年代中期，它们占据了苏军坦克总数的 85%。在实战中，该坦克表现出了良好的武器和装甲性能，使用和维修比较简便，潜渡设备安装方便并且具有夜战能力；不过同时也暴露出了主要缺点：火炮俯角小、火控系统简陋、火炮射程有限、外组燃料箱易起火等。

基本参数	
车长	6.45 米
车宽	3.37 米
车高	2.4 米
车重	39.7 吨
装甲厚度	99 毫米~203 毫米
最大速度	55 千米/小时
最大行程	600 千米

知识链接 >>

T-54 / 55 坦克在冷战时期曾经是优秀的系列主战坦克，但进入 21 世纪后已全面过时，无论再怎么改进，也难以挑战当今的主战坦克了。不过如今仍然有很多此型坦克在役，主要是因为新型主战坦克车重都远远超过 T-54 / 55 系列，难以部署在地势较崎岖的地方，故有些国家推出和生产外观和体形与本系列相似的新型坦克，以满足特别的需要。

▲ 波兰军管期间在大街上的 T-55L 坦克

T-62 主战坦克（苏联）

■ 简要介绍

T-62 主战坦克是 20 世纪 50 年代末苏联继 T-54/55 主战坦克后研发的新一代主战坦克，越野性能达到了研制时期的最高标准。1961 年批量生产并装备部队，从此其生产持续到 20 世纪 70 年代末。在向世界上多个国家出口后，其改造升级版坦克的生产一直持续到 20 世纪 80 年代末。

■ 研制历程

苏联领导人非常重视导弹发展，于是在 20 世纪 50 年代末命令中止重型坦克发展项目，因此莫斯科坦克总局一次次试图中止新式主战坦克的研制。但 T-62 由于开创性地使用了 115 毫米滑膛坦克炮及其大威力弹药而获得通过，并于 1962 年定型生产。加之其恰与苏联武器出口制度的重大转变相符，所以数量巨大的 T-62 被用于出口。

T-62 主战坦克使用轧钢和均质装甲板双重防弹装甲，主要武器是 115 毫米滑膛炮，辅助武器为 7.62 毫米和 12.7 毫米口径机枪。

基本参数	
车长	6.24 米
车宽	3.27 米
车高	2.36 米
车重	37.5 吨
装甲厚度	15 毫米~220 毫米
最大速度	50 千米/小时
最大行程	450 千米

■ 实战表现

实战表明，T-62 坦克具有较好的机动性、强大的火力、优越的防护力以及不错的夜战能力。但在实战中，T-62 坦克也暴露出诸如射击速度慢、火炮俯角小、火控系统落后等问题。

▲ 集中待命的苏军 T-62 主战坦克集群，同时集结的还有 PT-76 轻型坦克

知识链接 >>

如今，与拥有顶尖技术的新型主战坦克相比，T-62 显然早已过时，但它可靠的设计、足够的火力，使它在世界很多地区依然是一件令人畏惧的武器，因此即使在 20 世纪 70 年代中期被 T-64A 和 T-72 取代以后，大量的 T-62 依然被世界各地的军队继续使用，而且很可能会在接下来的漫长岁月中被继续使用。

T-64 主战坦克（苏联）

■ 简要介绍

T-64 主战坦克是 20 世纪 60 年代初期苏联研发的第三代主战坦克中的首款类型。该型坦克为苏联（包括解体后分离出来的俄罗斯、乌克兰）日后的现代化坦克如 T-80、T-84 打下了基础，因此被奉为第四代坦克的鼻祖。

■ 研制历程

二战末期核武器的诞生和新式反坦克武器在战场上大量使用后，苏联几个主要坦克设计局的设计师就着手研制战后新型坦克。20 世纪 60 年代中期，莫洛佐夫设计局（时称哈尔科夫设计局）研制出了 T-64 主战坦克；之后通过进一步改造，有了 T-64A、T-64B 等系列型号。

T-64A 型坦克装有 1 门 2A26 式 125 毫米滑膛坦克炮，辅助武器包括 1 挺 7.62 毫米并列机枪和 1 挺新型 12.7 毫米高射机枪。T-64 的火控系统非常先进，包括合像式光学单目测距仪、红宝石激光测距仪、模拟式弹道计算机、昼夜合一观察潜望镜以及射击控制面板等。

T-64B 除采用系列标准的新型复合装甲外，还在车体前上装甲部位和侧裙板上，在炮塔的正面、侧面和顶部等部位，装有反应式装甲。

基本参数	
车长	9.1米
车宽	3.64米
车高	2.3米
车重	38吨
装甲厚度	40毫米~120毫米
最大速度	70千米/小时
最大行程	600千米

■ 实战表现

T-64 是第一种投入战争中使用的第三代坦克，它于 1979 年 12 月首次亮相。1992 年，T-64BV 坦克首次投入战斗就有 3 辆被 100 毫米的牵引式反坦克炮和 2 枚以上的 RPG-7 式火箭筒以及燃烧瓶配合击毁，其中 2 辆受损的坦克在战后经过维修后重新服役。

知识链接 >>

T-64主战坦克在世界坦克制造史上创造了多个第一，如第一个在坦克车体的正面和炮塔的正面采用多层复合装甲，第一个在坦克上安装自动装弹机。前者能大大降低炮弹和反坦克导弹对坦克的毁伤概率；后者则可以提高坦克炮的射速，减小炮塔的尺寸和坦克的投影面积。

▲ T-64主战坦克原型车

T-72 主战坦克（苏联）

■ 简要介绍

T-72主战坦克是20世纪70年代初苏联设计生产的第三代主战坦克中重要的一型。由于制造简单、可靠耐用，其堪称苏联继T-34坦克后的又一名作，除了大量服役于苏联军队之外，也畅销世界各地，几乎成了苏联坦克的"招牌"。

■ 研制历程

1967年，苏联开始以T-64的设计为基础研发原型车Object 172。苏联于1971—1973年间在与西伯利亚等地区对新型车进行野外测试，于1973年开始将其拨发给部队，并正式命名为T-72坦克。

T-72主战坦克主要武器是1门125毫米大口径滑膛坦克炮，还装有炮射导弹、自动装弹机等一系列先进的武器设备。其发射的尾翼稳定脱壳穿甲弹最大有效射程为2120米，在1500米距离的穿甲厚度可达610毫米。

T-72坦克车体除在非重点部位采用均质装甲外，在车体前上部分采用了复合装甲。早期的车体前侧部翼子板外缘各装有4块张开式屏蔽板；后期则装有整体式侧裙板，具有防破甲弹的屏蔽作用。同时，该坦克的驾驶舱和战斗舱四壁装有含铅有机材料制成的衬层，具有防辐射和防快中子流的能力。

基本参数	
车长	9.44米
车宽	3.52米
车高	2.19米
车重	41吨
装甲厚度	20毫米~200毫米
最大速度	60千米/小时
最大行程	460千米

■ 实战表现

在面对如伊朗军队的M48和"酋长"坦克时，T-72具备了较大的优势。但与"挑战者"I型等西方第三代主战坦克相比，其技术仍然存在差距。

▲ 阅兵式上的 T-72B3 坦克

知识链接 >>

T-72 主战坦克是一个具有相当威力且简单实用的武器平台。虽然如今其性能已远远落后于世界上其他第三代坦克,比如火力和防护能力已经不足以应对新的威胁,机动性远远落后于时代,信息能力严重缺乏,与当今世界网络化、信息化的大趋势严重脱节,防火抑爆措施不足等。但如果对其进行合理改造、充分挖掘其潜力,相信它能够追上时代,继续同其他第三代坦克竞争。

145

T-80 主战坦克（苏联）

■ 简要介绍

T-80 坦克是苏联研制的第三代主战坦克，也是历史上第一款量产以燃气轮机为动力的主战坦克，自 1976 年开始服役。作为苏联解体之前研发的最后一款主战坦克，T-80 坦克凝结了无数苏联坦克设计史上的成功经验，是苏联装甲兵的集大成之作。

■ 研制历程

1968 年，苏联基洛夫工厂根据当时世界上最新的坦克发展情况，通过自主开发和技术创新，在 T-64 坦克的基础上研制出了水平一流的 T-80 主战坦克。之后又经过反复测试、改装，使 T-80 于 1976 年实现量产。此后又衍生出一系列型号，比如 T-80A、T-80U、T-80UM1。

T-80 坦克的主要武器是 1 门 2A46 式 125 毫米滑膛坦克炮，既可以发射普通炮弹，也可以发射反坦克导弹。其"鸣禽"反坦克导弹射程为 4000 米，无线电指令制导，有助推发动机，破甲厚度为 600 毫米～650 毫米。辅助武器是 1 挺 7.62 毫米并列机枪和 1 挺 12.7 毫米高射机枪。

该坦克是由航空燃气涡轮发动机改装的燃气轮机，体积小、功率大、启动快、重量轻、可靠性高、更换方便。

基本参数

车长	9.9米
车宽	3.4米
车高	2.2米
车重	43吨～46吨
装甲厚度	30毫米～500毫米
最大速度	75千米/小时
最大行程	600千米

■ 实战表现

1976 年 8 月 6 日，T-80 主战坦克正式列装苏军。苏联解体后，俄罗斯、乌克兰继续独立发展 T-80 系列坦克，并衍生出 T-80U（俄罗斯）、T-84（乌克兰）等新型号。到 1996 年年初，俄罗斯军方共装备了 5000 辆 T-80。近年来，俄罗斯开始向世界各地推销 T-80U 坦克，并在许多国家进行过表演性试验。

▲ T-80 主战坦克

知识链接 >>

1985年，苏联总共有1900辆T-80主战坦克。根据俄罗斯公布的资料，在1986—1987年期间共有2256辆T-80驻于德国。当时刚得知这种坦克服役的北约各国十分惊恐，北约军事专家推测，这种坦克拥有两周之内推到大西洋海岸的可怕力量，只有战术核武器才能阻挡这样的钢铁洪流，因而北约开始发展反制之策，一段攻击直升机等反坦克武器的快速发展时期随之而来。

LEOPARD I
"豹"Ⅰ主战坦克（德国）

■ **简要介绍**

"豹"Ⅰ主战坦克是德国 20 世纪 50 年代晚期至 60 年代研制的一种主战坦克，其与它的各种变型车一起，构成了 20 世纪 60 年代、70 年代德国联邦国防军装甲力量的基石。与此同时，"豹"Ⅰ也是当时世界上最先进的主战坦克之一，曾多次在加拿大陆军"银杯奖"坦克射击大赛中夺魁，因此那个时代也被称为"豹Ⅰ时代"。

■ **研制历程**

1956 年，法国、意大利和德国对设计欧洲新型坦克提出了一系列新的技术要求。至 1961 年，欧洲各国共研制出多达 32 型坦克，经过比较测试后，德国克劳斯－玛菲公司被选为新型坦克的主承包商。1965 年，首辆新式坦克被定型为"豹"Ⅰ主战坦克。

"豹"Ⅰ主战坦克的主要武器是 1 门 L7A3 式 105 毫米线膛坦克炮，可发射加拿大、法国、德国、以色列、英国和美国制造的 105 毫米炮弹，其上装有热护套，野战条件下更换炮管仅需 20 分钟；辅助武器为 1 挺 7.62 毫米并列机枪和 1 挺高射机枪。

该坦克炮塔具有较好的防弹外形。为提高炮塔防护能力，从 1975 年开始，"豹"ⅠA1 坦克炮塔增加了屏蔽装甲，均附有橡胶衬里，分别装在防盾、炮塔体两侧和尾部框架外面。

基本参数	
车长	9.54 米
车宽	3.41 米
车高	2.76 米
车重	40 吨
装甲厚度	10 毫米~70 毫米
最大速度	65 千米/小时
最大行程	450 千米

■ **实战表现**

在作战行动中，"豹"Ⅰ主战坦克展示出了优良的性能和较高的作战效率。除德国外，"豹"Ⅰ系列主战坦克还被澳大利亚、比利时、加拿大、希腊、意大利、荷兰、挪威、土耳其等国引进，得到广泛好评，是 20 世纪 60 年代至 70 年代世界上最受欢迎的主战坦克之一。

▲ "豹"I主战坦克

知识链接 >>

从"豹"I主战坦克装备德军开始,德军装甲兵部队便迎来了一个大发展时期。除了有大量的"豹"I主战坦克装备部队之外,一大批与"豹"I主战坦克配套使用的变型车也相继研制成功,包括 BPZ2 和 BPZ2A2 装甲抢救车、BPZ2A1 装甲工程车、"海狸"架桥车、"猎豹"自行高炮等。其中"海狸"架桥车是世界上较早的双节平推式坦克架桥车,可在 3 分钟~5 分钟内架设 22 米长的桥梁,具有较先进的技术性能。

LEOPARD II
"豹" II 主战坦克（德国）

■ 简要介绍

"豹" II 主战坦克是德国于 20 世纪 70 年代研制的新型主战坦克，共有"豹" II 系列 A1～A6 共计 6 个型号。由于在当时西方国家中率先使用了 120 毫米口径主炮、1100 千瓦柴油发动机和指挥仪式火控系统等，其设计思想影响了多个国家主战坦克的设计。

■ 研制历程

1969 年，德国和美国联合研制 MBT-70 坦克，当时德国利用其部件发展了一种"牡野猪"试验坦克，克劳斯·玛菲公司制造了两辆样车。然后，在此基础上又研制了一种"野猪"新型试验坦克。1970 年，MBT-70 坦克计划破产，德国便做出研制"豹" II 坦克的决定。

"豹" II 主战坦克的主要武器是 120 毫米滑膛炮，主弹种是 DM13 尾翼稳定脱壳穿甲弹，该穿甲弹的最大有效射程为 3500 米；此外还装有 DM12 多用途破甲弹，具有破甲和杀伤双重作用。该弹为尾翼稳定弹，采用压电引信，并改进了点火装置，使点火时间缩短了好几倍。

"豹" II 主战坦克的正面区域、车体侧部和炮塔安装有被动式附加 AMAP 复合装甲，正面装甲防止动能弹穿深大概在 800 毫米均质钢板厚度，防止化学能弹穿深大概在 1500 毫米厚度。

基本参数	
车长	9.66米
车宽	3.7米
车高	2.8米
车重	55.15吨
装甲	复合装甲
最大速度	72千米/小时
最大行程	550千米

■ 实战表现

截至 20 世纪末，"豹" II 型坦克共生产了约 3100 辆，有许多"豹" II A4 和"豹" II A5S 入装德国的科索沃派遣队。该型坦克装备国家除德国外，还有荷兰、瑞士、瑞典、西班牙、丹麦、挪威、奥地利、波兰、土耳其等。2000 年 5 月，在加拿大举行的"陆军杯"坦克射击大赛中，"豹" II 型坦克最新装备的 120 毫米坦克炮使用 DM13 型脱壳穿甲弹打出了击穿均质钢甲 1040 毫米的世界纪录，堪称第三代坦克中的"火力之王"。

知识链接 >>

在"豹"Ⅱ系列坦克之前,几乎所有的主战坦克在火力、防御力和机动力三大要素上都无法做到兼顾;在"豹"Ⅱ系列坦克问世之后,设计师才发现三大要素居然能这样完美地结合在一起,德国的军事工业大国地位也再次得以确立。德制"豹"Ⅱ主战坦克性能优异,是德国工业的代表作。

▲ 波兰的"豹"Ⅱ A4 坦克

CONQUEROR
"征服者"重型坦克（英国）

■ 简要介绍

"征服者"重型坦克是英国在20世纪50年代中后期为了抗衡苏联的IS-3重型坦克，与美国的M103重型坦克同时研制的。它是坦克世界中最后的重骑兵，但仅装备了英国驻伊朗派遣军。随着性能先进的"百夫长"坦克的大量装备，最终于1966年全部退出现役。

■ 研制历程

早在1944年时，英国就在A41坦克（即后来的"百夫长"）的基础上，开始研制一种"万能"坦克。二战结束后不久，英国决定利用"万能"坦克的车体，配上强大的火炮和厚厚的装甲，制成能与苏联IS-3相抗衡的重型坦克。1956年，正式定型为"征服者"重型坦克，英军的编号为FV214，有Ⅰ型和Ⅱ型。

"征服者"重型坦克的主要武器为1门以美国制造的高射炮为原型改造研制的L1A1或L1A2型120毫米线膛加农炮；弹药为分装式，弹种包括脱壳穿甲弹、碎甲弹两种。辅助武器为1挺7.62毫米并列机枪和1挺高射机枪。

"征服者"坦克的火控系统是一个"亮点"，其核心是"射击控制塔"，即电动式车长指挥塔。车长主瞄准镜为潜望式，放大倍率为6倍。

基本参数

车长	11.58米
车宽	3.99米
车高	3.35米
车重	65吨
装甲厚度	19毫米~178毫米
最大速度	34千米/小时
最大行程	153千米

■ 实战表现

"征服者"重型坦克作为坦克世界的"最后贵族"，其设计的作战任务是为"百夫长"坦克提供远程的反坦克支援。该坦克当时仅装备了英国驻伊朗派遣军，未能参加实战。不过驻扎在德国的每一个团都配备了9辆这种坦克。通常，这9辆坦克会被分为3个小队。

知识链接 >>

随着性能较先进的"百夫长"坦克的大量装备,"征服者"重型坦克最终于1966年全部退出英军现役。不过其设计和运用的宝贵经验很好地体现于"百夫长"坦克上。退役后的"征服者"坦克多数用来充当靶车,发挥余热。

▲ "征服者"坦克火炮射击

CENTURION
"百夫长"主战坦克（英国）

■ 简要介绍

"百夫长"主战坦克是英国在二战结束之际开始研制的第一代巡洋坦克，又称"逊邱伦"主战坦克。该坦克从 1945 年年底到 1962 年共生产了 4423 辆。除装备英国陆军外，还出口到其他国家。

■ 研制历程

早在 1943 年，英国战争办公室就将一种 A-41 巡洋坦克交由英国坦克设计局负责研制，随后将生产任务交给了米德尔塞克斯的 AEC 公司，于 1944 年 5 月完成了 A-41 坦克样车制造工作，被正式命名为"百夫长"。

早期的"百夫长"MK1/2 型坦克装有 1 门 77 毫米口径火炮，从 MK3 型开始改为 1 门带抽气装置的 83.4 毫米口径火炮，可发射榴霰弹、曳光脱壳穿甲弹和榴弹，火力大为增强；MK5 型坦克则为著名的 L-7 105 毫米线膛坦克炮。辅助武器为 1 挺 7.62 毫米并列机枪和 1 挺 7.72 毫米高射机枪；此外还采用了独特的 12.7 毫米测距机枪，最大射程 1800 米，使用时发射 3 个点射曳光弹。

基本参数	
车长	9.85米
车宽	3.39米
车高	3米
车重	51.82吨
装甲厚度	20毫米~118毫米
最大速度	34.6千米/小时
最大行程	190千米

■ 实战表现

1964 年 11 月，以色列和叙利亚军队为争夺约旦河谷的水源地而发生战争，以军的"百夫长"坦克威力超过"谢尔曼"坦克。在安哥拉战争中，由"百夫长"坦克改装的南非"象牙号角"主战坦克同样表现不俗。

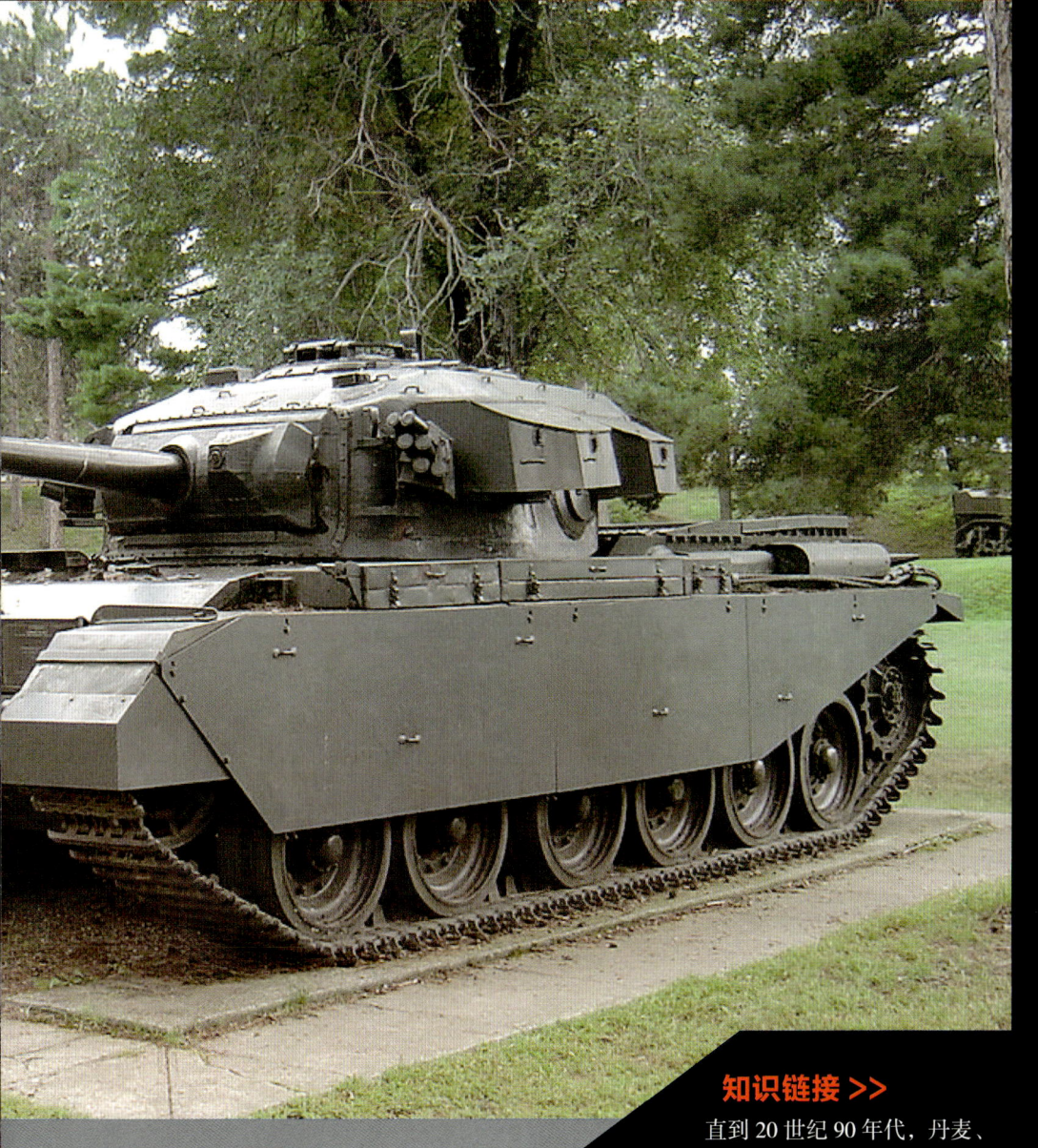

知识链接 >>

直到 20 世纪 90 年代，丹麦、约旦、新加坡和瑞典仍在使用"百夫长"坦克；在以色列战时订购的坦克中，仍然保留有大约 1000 辆的"百夫长"改进型坦克。在超过半个世纪的服役生涯中，"百夫长"在各个使用国经历了大量改造，这些改进型坦克形态各异，有些甚至已经完全脱离了其最初的外形。

▲ 演习中的"百夫长"主战坦克

CHIEFTAIN
"酋长"主战坦克（英国）

■ 简要介绍

"酋长"坦克是 20 世纪 50 年代末英国研制的一型主战坦克。1959 年，第一辆该型坦克样车下线，1963 年装备于英国陆军。该坦克全重 54 吨，配有 530 千瓦柴油发动机，最高公路时速 48 千米，装有 1 门 120 毫米线膛炮和 2 挺 7.62 毫米口径机枪。

■ 研制历程

1958 年，英国陆军提出设计主战坦克的任务；1959 年年初，制成第一个 1：1 的木模型，年底制成第一辆样车，于 1961 年第一次公开展出。

1963 年 5 月该坦克设计定型并投产，1965 年开始装备英国陆军。英国在利兹皇家兵工厂和维克斯厂各建了一条生产线。两条生产线总共生产了 860 辆，于 20 世纪 70 年代初完成生产任务。

伊朗从英国得到 187 辆称为 FV4030/1 型的改进型坦克，这些坦克能载更多的燃料，改进了防地雷性能，加装了减振器，并且采用 TN12 型自动传动装置。

基本参数

车长	7.5米
车宽	3.5米
车高	2.9米
车重	55吨
装甲厚度	38毫米~195毫米
最大速度	48千米/小时
作战范围	500千米

■ 实战表现

"酋长"式坦克在英军中少有实战机会，然而，它的主要装备国伊朗使用这种坦克获得了丰富的实战经验。两伊战争中，该坦克是地面部队的重要武器，外界普遍认为它的性能强于伊拉克的 T-62 坦克，也强于伊朗的美制 M60 或 M48 坦克。在伊拉克装甲部队占有数量优势的情况下，正是依靠"酋长"式坦克和人力优势，才使伊朗得以在战场上维持均势。

▲ "酋长"式坦克

知识链接 >>

英国比较重视坦克的装甲防护性能,所以该坦克车体和炮塔都采用较厚的铸造装甲。该坦克车体装甲厚度一般为76毫米~120毫米,装甲最厚的部位是炮塔正面,达152毫米~203毫米。为了提高防脱壳穿甲弹的性能,车体和炮塔正面装甲与水平面之间的夹角较小且不工整,例如炮塔正面水平倾角约为30°。

AMX-13

AMX-13轻型坦克（法国）

■ 简要介绍

AMX-13轻型坦克是法国1946年开始研制的二战后第一代轻型坦克，首创了自动装弹机，成为第一款可以自动填装炮弹的坦克。该型坦克于1952年投产，而后装备部队。从1953年起至20世纪80年代，该型坦克曾先后出口到多个国家。

■ 研制历程

第二次世界大战结束后不久，法国陆军提出装备3种新型装甲战车，其中一种为新式轻型坦克，随后由伊西莱穆利诺制造厂研制，1948年完成了第一辆样车，1952年定名为AMX-13轻型坦克。

AMX-13轻型坦克采用了特殊的摇摆式炮塔，最初主力武器为1门75毫米口径火炮，配有穿甲弹和榴弹。到20世纪60年代初，安装了90毫米口径火炮，可发射尾翼稳定脱壳穿甲弹、破甲弹、榴弹、烟幕弹和照明弹。辅助武器为1挺7.5毫米或7.62毫米并列机枪。

AMX-13坦克最初没有三防装置和夜视仪器，因而许多国家在购买AMX-13之后又增添了炮手红外瞄准镜和红外探照灯等。目前生产的AMX-13坦克安装有被动式夜间瞄准镜和夜间驾驶仪、TCV29激光测距仪和战场瞄准自动显示器等。

基本参数

车长	6.36米
车宽	2.5米
车高	2.3米
车重	15吨
装甲厚度	10毫米~25毫米
最大速度	60千米/小时
最大行程	400千米

■ 实战表现

AMX-13轻型坦克自1952年实现量产后，便装备于法军部队。从1953年起，该型坦克先后出口到阿根廷、多米尼加、厄瓜多尔、印度尼西亚、科特迪瓦、黎巴嫩、秘鲁、新加坡、委内瑞拉等国。实际使用表明，该坦克以及由其衍生的系列坦克体形小、隐蔽性好、加速高、时速快、转向佳、火力猛、视野远，集中了很多现代化技术优点，是二战后第一代坦克中的佼佼者。

▲ AMX-13 轻型坦克

知识链接 >>

AMX-13 轻型坦克最大的特点就是其摇摆式炮塔。所谓摇摆式炮塔，实际上是将传统的整体式炮塔"一分为二"，即将炮塔的旋转运动和火炮的高低运动分别处理，上炮塔"摇"，下炮塔"摆"，合在一起就是摇摆式炮塔。这样做的好处是，可以使炮塔座圈做得很小，有利于减轻整个炮塔的重量，从而使整车的重量减轻。

AMX-30 主战坦克（法国）

■ 简要介绍

AMX-30 主战坦克是法国武器工业公司在 20 世纪 60 年代生产的第二代主战坦克，是法国当时重视火力和机动性而忽视防护的设计思想的产物。1967 年开始，有 2300 多辆该坦克陆续装备法国陆军，并且出口到其他国家，服役于欧洲和中东。

■ 研制历程

1956 年，法国、德国和意大利三国草拟了设计欧洲型主战坦克的联合要求。1959 年，法国和德国开始分别研制样车，于是 AMX-30 主战坦克和"豹"I 坦克诞生了，其中前者由伊西莱穆利诺制造厂研制，1966 年在罗昂制造厂开始生产。

AMX-30 主战坦克的主要武器是 1 门 CN-105-F1 式 105 毫米口径火炮，可以发射法国弹药，也可以发射北约制式 105 毫米弹药，如尾翼稳定脱壳穿甲弹、破甲弹、榴弹和烟幕弹或照明弹，装有较多的光学火控仪器，AMX-30B2 则有综合式"柯达克"火控系统，使该坦克具有昼夜作战能力。

该坦克的辅助武器包括 1 门装在火炮左侧的 F2 式 20 毫米口径并列机炮和 1 挺装在车长指挥塔右边的 F1C1 型 7.62 毫米口径高射机枪。并列机炮可以随火炮一起俯仰，用以对付低空飞机、直升机或地面目标。

基本参数

车长	9.48米
车宽	3.1米
车高	2.86米
车重	37吨
装甲厚度	15毫米~140毫米
最大速度	65千米/小时
最大行程	600千米

■ 实战表现

1967 年 7 月，AMX-30 主战坦克正式被列为法国陆制式装备，逐渐替换 M47 坦克。首批 AMX-30B2 坦克于 1982 年 1 月装备第 503 团。在"勒克莱尔"坦克大批入役替换前，AMX-30B 和 AMX-30B2 仍将在法军中服役。每个法国陆军军团有 3 个连，每个连配备 13 辆坦克，每团另有 2 辆指挥坦克。为满足中东国家的特殊使用要求，以 AMX-30 坦克为基础，发展了装有防沙罩、适合沙漠地区高温环境使用的 AMX-30S 坦克。

▲ 部署在沙特阿拉伯的 AMX-30B2 坦克

知识链接 >>

第二次世界大战结束前,法国坦克设计普遍重视装甲防御而轻视火力和机动性;二战后,则开始重视火力和机动性而轻视防护,AMX-30坦克就是这种设计思想的产物。法国主张增强坦克远程火力,尤其是首发命中率,以抵消敌坦克数量优势;同时装甲防护应服从机动性,即在保证机动性的前提条件下不依靠增加装甲厚度,而通过改进外形和减小尺寸等办法提高防护力。

TYPE 61
61式中型坦克（日本）

■ 简要介绍

61式中型坦克是战后日本在自卫队成立初期，仿照美国M47/48坦克设计、制造的第一代国产坦克，1961年正式定型，次年入列服役，最初优先装备一部分陆上自卫队直属部队以及北海道部队，从此一直持续到1984年12月才开始退役。

■ 研制历程

1955年，日本防卫厅正式决定研制国产坦克，要求必须能适应日本本土作战，性能必须能与苏制的T54/55坦克相匹敌。三菱重工公司到1960年1月先后进行了两次整车试制，于1961年4月正式定型，命名为61式坦克。

61式中型坦克火炮和炮塔的旋转与俯仰利用电液操纵，其主要武器是1门90毫米加农炮，炮管前部装有抽气装置；采用横楔炮闩，装有手动以及电磁螺线管式击发装置。该火炮可以发射榴弹、黄磷烟幕弹、被帽穿甲弹。辅助武器是1挺7.62毫米M1919A4并列机枪和1挺12.7毫米M2高平两用机枪。

其火控系统是基线长1米的12倍合像式光学测距仪、6倍单目式直接瞄准镜和4倍潜望式瞄准镜。出于对原子弹的恐惧，61式坦克车内装有防原子装置。

基本参数

车长	8.19米
车宽	2.95米
车高	3.16米
车重	35吨
装甲厚度	15毫米~64毫米
最大速度	45千米/小时
最大行程	200千米

■ 实战表现

61式坦克作为日本在第二次世界大战后生产的第一代坦克，于1962年开始服役，最初优先装备一部分陆上自卫队直属部队以及北海道部队。到1983年，共装备了559辆。而且还有70式坦克抢救车、67式坦克架桥车、67式装甲工程车等主要变型车大量服役。1984年12月，61式坦克开始退役，至1986年约有63辆退出现役，由74式坦克补充。但到1988年时，尚有424辆服役。

知识链接 >>

二战之后,美国基于包围苏联的战略需求,在欧洲方面重新武装了德国;而在亚洲,美国对于日本同样也有这样的需求,于是在日本陆上自卫队初创阶段,援助了M46、M47坦克等不少武器装备。美制坦克的操纵性虽不错,却不适合日本士兵的身形。于是,日本自行研制61式主战坦克才有了良好的契机。

▲ 军演中的61式中型坦克

TYPE 74
74式主战坦克（日本）

■ 简要介绍

74式坦克是20世纪60年代末日本三菱重工公司为陆上自卫队研制的中型主战坦克，因1974年定型而得名。该坦克高度考虑了日本的作战环境，整体设计和悬吊承载系统都极具特色，并且是全世界第一种采用可调式液压悬挂系统的有炮塔式主战坦克。

■ 研制历程

1961年，日本防卫厅命技术本部及三菱重工公司等单位着手规划新一代的主战坦克。之后到1974年，先后对一些新坦克原型车进行密集的测试与改进，终于被日本陆上自卫队定型为74式。

74式中型主战坦克主要火力是1门英国授权生产的L7型105毫米坦克炮，可发射APFSDS（穿稳抛Sabot）和HEAT-MP（高爆反坦克多用途）炮弹。辅助武器包括1挺12.7毫米防空机枪和1挺7.62毫米同轴机枪。

该坦克的射控系统整合有"红宝石"激光测距仪、红外线夜视镜与光学观测/瞄准仪、弹道计算机与主炮双轴稳定仪，都是日本自制的产品，具备行进间射击能力。

74式比"豹"I具有更多的装甲，但比T-62等坦克车辆更少；在侧面和车体后部设置了安装各种用具的拖架，在增加实用性的同时可降低敌方炮弹的穿透概率。

基本参数

车长	9.41米
车宽	3.18米
车高	2.25米
车重	38吨
装甲厚度	25毫米~195毫米
最大速度	53千米/小时
最大行程	300千米

■ 实战表现

74式坦克从1974年9月开始服役，量产作业持续到1989年，共生产了873辆供陆上自卫队使用。2015年，日本陆上自卫队前往美国与美国陆军进行了联合训练。在训练间隙，日本自卫队向美军士兵展示了74式坦克的液气悬挂系统，在原地做了前倾、后倾、左后倾斜的动作，就像在"跳舞"一样，这使美军士兵非常好奇而引起围观。

▲ 演习中的 74 式主战坦克

知识链接 >>

日本 74 式坦克采用可调式液气悬挂系统，它的前后左右 4 个负重轮可以自由调整高度，驾驶员或车长都可控制车体姿态。这种装置的优点是通过调节车体前后倾角和车底离地间隙高度，可以扩大火炮的高低射角，对坦克在山地使用具有较大的意义。此外，调节车体前后左右倾斜角，有利于提升各种地形条件下火炮的稳定性，从而提高火炮的精度。

TYPE 90
90式主战坦克（日本）

■ 简要介绍

90式主战坦克是日本三菱重工公司于1974年开始研发、1990年定型的第三代主战坦克。90式主战坦克达到当时一流的技术水平，能有效兼顾火力、机动力与防护力。它的诞生使日本一改其主战坦克火力、防护力不足的形象。

■ 研制历程

1975年，日本防卫厅决定研发一种技术水平与当时仍在测试的美国M1、德国"豹"Ⅱ同级的新一代坦克，邀集日本诸多知名民间产业参与。1976年，防卫厅技术研究本部提出初步设计，1977年进行设计发展，因定型于1990年，故称为90式坦克。

90式坦克的主要武器是1门德国莱茵金属公司的120毫米滑膛炮，并配有自动装弹机，所用炮弹主要是钨合金尾翼稳定脱壳穿甲弹和多用途空心装药破甲弹。钨合金穿甲弹性能与美国贫铀穿甲弹相当，在2000米射程能穿透700毫米厚钢装甲。

该坦克的火控系统有独创性，包括激光测距仪、热成像仪、火控计算机和车长及炮长观瞄装置等。热成像仪通过图像获取和处理实现自动目标跟踪功能，瞄准装置不但实现了行进间射击，而且提高了射击精度。

基本参数	
车长	9.75米
车宽	3.43米
车高	2.33米
车重	52吨
装甲	复合装甲
最大速度	70千米/小时
最大行程	350千米

■ 实战表现

日本陆上自卫队从1990年起正式接收首批30辆90式坦克。鉴于日本当时将苏联视为最大威胁，故优先装备驻防于紧邻库页岛的北海道。20世纪90年代初期日本防卫厅重整防卫计划，大幅放缓了购买与换装的进程，除驻防于北海道的战备部队换装90式外，在本州则只有富士教导团、武器学校等教学单位拥有这型主战坦克。

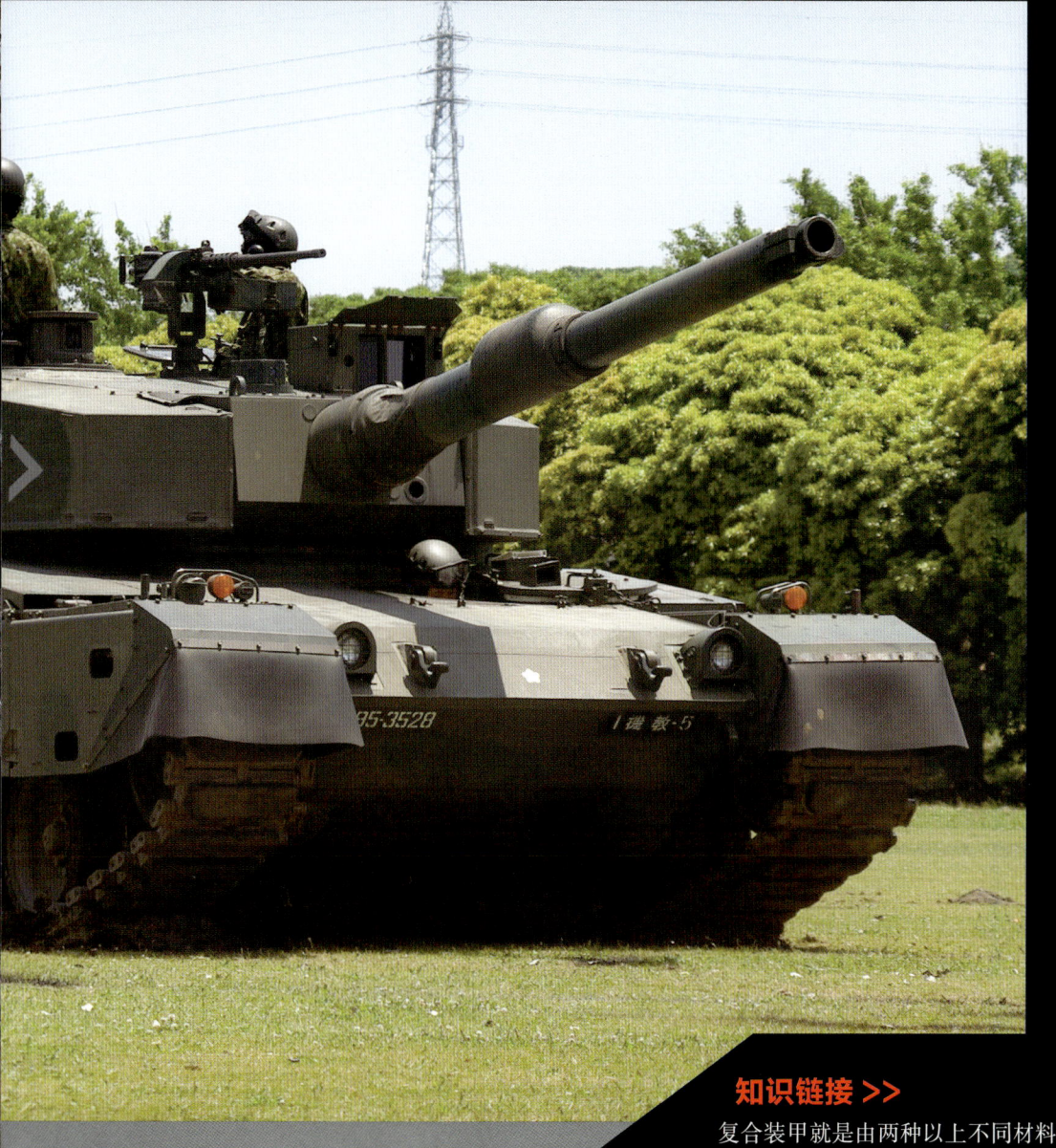

▲ 90式主战坦克

知识链接 >>

复合装甲就是由两种以上不同材料组合而成的，能有效抵抗破甲弹和穿甲弹攻击的新型装甲。一般由高强度装甲钢、钢板铝合金、尼龙网状纤维和陶瓷材料等组成。在等重量装甲条件下，复合装甲对破甲弹的抗弹能力较均质装甲提高2倍~3倍。90式坦克的复合装甲是冷轧含钛高强度钢的两层结构，中间使用了包有芳纶纤维的蜂窝状陶瓷夹层，并在内侧罩有轻金属，为日本独特的复合装甲结构。

CHONMA-HO
"天马虎"系列主战坦克（朝鲜）

■ 简要介绍

朝鲜的"天马虎"主战坦克是世界现役主战坦克中略显神秘的一种，直到现在还很少有足够详细的信息能够让世人了解该坦克并描述出该坦克的大致面貌。一般认为，该坦克是改进自苏联T系列坦克并加挂反应装甲的朝鲜第二代坦克，例如"天马虎"I型坦克，实质上就是朝鲜利用进口和自行生产的各种零部件自行组装的T-62A坦克，之后共改进了约7种型号。

■ 研制历程

据许多公开资料称，朝鲜在1980年从俄罗斯获得T-62主战坦克；朝鲜已经具备自行制造T-62主战坦克及独立对其进行改进的能力。T-62迅速演变成"天马虎"主战坦克一个重要的原因，是朝鲜军方为了对抗于1986年开始在韩国陆军服役的K1主战坦克而实施的重大升级改进计划。

早期3款"天马虎"坦克是朝鲜利用进口的T-62A报废、未报废零件组装而成的（也有苏联解体后流出的生产机具和T-62A半成品），后来朝鲜军方觉得T-62A防空能力不足，就将T-62A原配备的12.7毫米高射机枪用14.5毫米高射机枪来代替，并将改装后的坦克重新命名为"天马虎"。

基本参数

车长	6.63米
车宽	3.3米
车高	2.4米
车重	45吨
装甲厚度	15毫米~220毫米
最大速度	50千米/小时
最大行程	450千米

■ 实战表现

"天马虎"坦克的主要武器是1门115毫米主炮，可以发射尾翼稳定榴弹、尾翼稳定破甲弹和尾翼稳定脱壳穿甲弹，可达1700米射程，破甲400毫米。辅助武器有14.5毫米KPV高射机枪。从III型开始加装了外置激光瞄准仪。"天马虎"IV型使用120毫米滑膛炮；V型换装了125毫米滑膛炮。

知识链接 >>

　　"天马虎"系列主战坦克的未来要看朝鲜的财政状况。关于"天马虎"系列新的发展计划,曾出现在美国国防部2002年7月公开发表的一份报告里面。据说,该新型坦克是由位于朝鲜东部成镜南道省新兴郡坦克厂研制的,于2002年2月16日完成了全部的测试。按照该报告,朝鲜研制的这种新型主战坦克的实际性能相当于T-90主战坦克的早期型号。

▲ "天马虎"主战坦克

POKPUNG-HO
"暴风虎"主战坦克（朝鲜）

■ 简要介绍

"暴风虎"是朝鲜改进自苏联 T-80 系列坦克的第三代主战坦克，国际上在 2002 年量产测试阶段才知道有此战车存在，所以它也曾有 M-2002 的代号和称呼。据说"暴风虎"坦克的技术性能已经非常接近俄罗斯的 T-90 坦克。

■ 研制历程

20 世纪 90 年代，朝鲜为了对应韩国发展的 K1 主力坦克，开始积极研发新型坦克。1991 年，在"天马虎"Ⅲ坦克尚未制造完成的时候，"暴风虎"坦克的研制工作就正式提上了日程。它融合了 88 式和 T-80 的战车技术，但是主体上还是参考了 T-72 主战坦克和使用了部分 T-60 坦克的零件。

"暴风虎"主战坦克的主要武器是 125 毫米的滑膛炮，配有自动抛壳装置，采用朝鲜自行研制的超速脱壳穿甲弹、空心装药破甲弹和榴弹。这 3 种弹药均有 6 片尾翼以保证弹体飞行稳定，其中超速脱壳穿甲弹在 1500 米距离最大破甲厚度达 600 毫米。辅助武器是 14.5 毫米高射机枪。

该坦克装有激光测距仪，还有 1 部主动红外线大灯。车底盘单侧有 7 个负重轮，可容纳更大功率的发动机，焊接炮塔还有 1 个尾舱，内容积增加，携弹量可能有所增加。

■ 实战表现

"暴风虎"主战坦克在生产中不断改进，共有Ⅰ至Ⅲ型。然而，朝鲜坦克要面对的敌人除了地面部队外，还有空军、陆军航空兵。朝鲜陆军由于缺乏空中掩护，长期处于被动状态，大规模装甲部队集结、大纵深作战都无法实施。倘若发生大规模战争，"暴风虎"坦克的 14.5 毫米高射机枪在目标发现、识别、瞄准、夜战能力上和 12.7 毫米高射机枪并无本质区别。

基本参数

车长	7米
车宽	3.4米
车高	2.8米
车重	44吨
装甲厚度	25毫米~220毫米
最大速度	60千米/小时
最大行程	500千米

知识链接 >>

苏联解体之后，苏军装备的一些 T-72 坦克由于军费紧张，不得不退役并销毁。朝鲜购入一些被部分拆解的 T-72，并通过对这些坦克的研究，了解和掌握了一些先进技术。可能是对海湾战争中 T-72 的拙劣表现感到失望，"暴风虎"主战坦克最终没有采用 T-72 的底盘，而是将 T-62 的底盘进行拉长和改进。

▲ "暴风虎"主战坦克

TYPE S
S 型主战坦克（瑞典）

■ 简要介绍

S 型主战坦克是瑞典陆军兵器局在 20 世纪 50 年代为对抗苏联坦克，适用于瑞典的地理、气候环境，并依据防御定位原则而打破传统设计的一种无炮塔型主战坦克。该坦克的许多创新理念和设计对后续世界各国的现代坦克研发提供了参考和借鉴。

■ 研制历程

1957 年，瑞典博福斯公司充分考虑了瑞典的地理和气候条件，以及二战中各国坦克的使用和中弹情况，从而把车高、车重及火力作为主要性能指标，开始研制新型坦克。1961 年年底定型为 Strv-103 型坦克，简称 S 型坦克。

S 型坦克车体仅高 2.14 米，火炮身管直接固定在车体内，这样的设计不仅大幅降低了车体高度，以减少被弹面积提高了生存性，同时也减少了车重，提高了坦克的机动能力和战略部署能力，亦简化了火炮安装方式和自动装弹机构。

该坦克主要武器为带自动装弹机的 1 门 105 毫米坦克炮，辅助武器是 3 挺 7.62 毫米多用途机枪，炮长兼任驾驶员，火炮的瞄准和射击通过操控驾驶 – 射击火控系统来完成。

基本参数	
车长	8.99 米
车宽	3.63 米
车高	2.14 米
车重	39.7 吨
装甲	格栅装甲
最大速度	50 千米 / 小时
最大行程	390 千米

■ 实战表现

Strv-103A 型坦克于 1967 年开始进入瑞典陆军服役，1971 年 Strv-103B 型坦克入列，1986 年 Strv-103C 型坦克入役。随着冷战的结束，瑞典的国防政策出现了变化，从过去单纯防御苏联转变为应对各种危机，奇特的 S 型坦克失去了过去依赖的政治环境，加上车体的老化，逐渐开始被淘汰。至 1997 年，S 型坦克均退出现役，之后被用于部队训练。

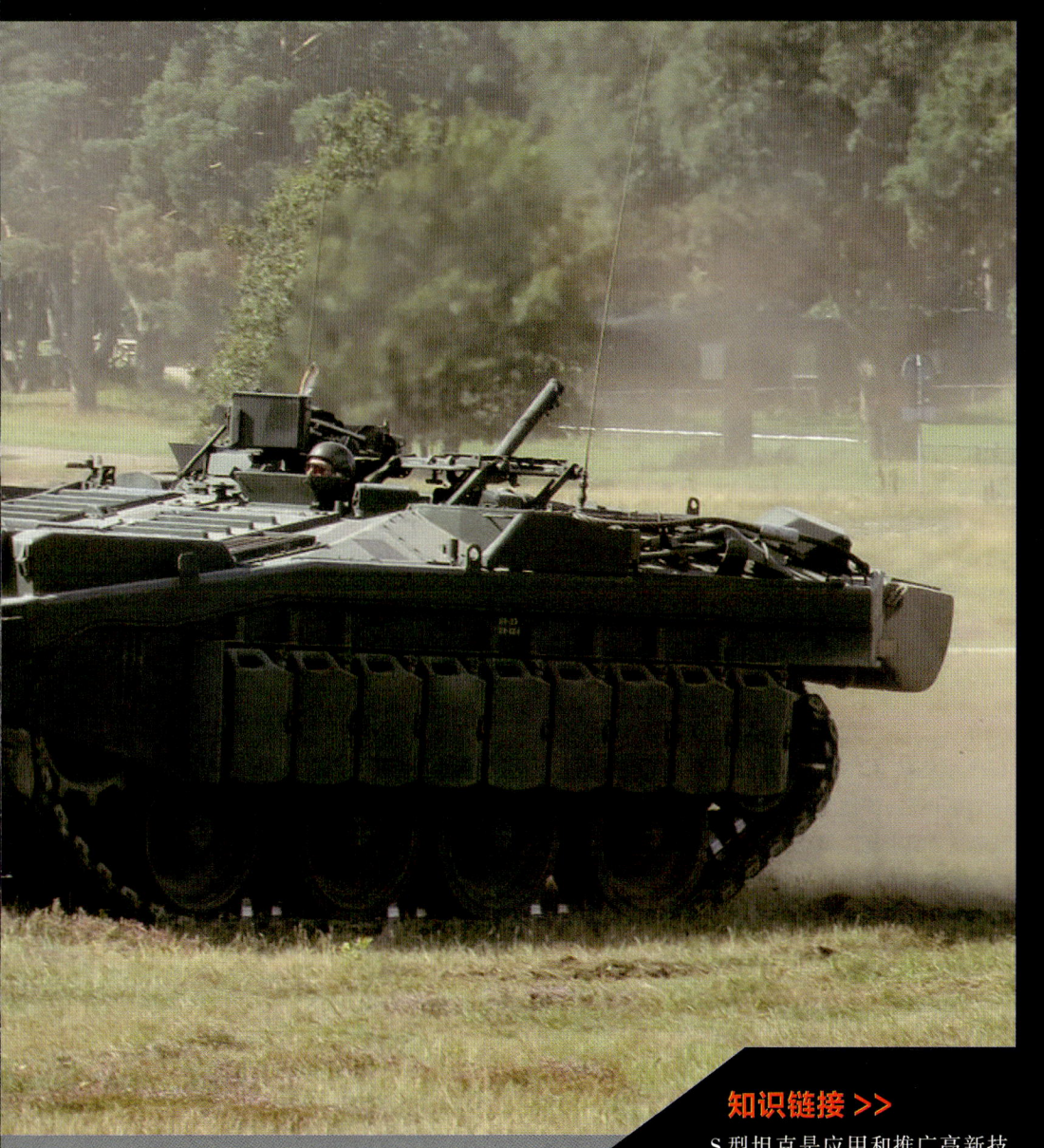

▲ S型主战坦克

知识链接 >>

　　S型坦克是应用和推广高新技术的先行者，它开创了数个坦克世界第一纪录：世界上第一种使用柴油机和燃气轮机的复合动力装置的坦克；世界上最早采用液力悬挂装置的坦克，可以实现车体的侧倾，提高了坦克的行驶平稳性和越野能力；世界上第一种安装格栅装甲的主战坦克；西方国家第一种配备自动装弹机的主战坦克，实现了坦克乘员由4人减至3人。

MERKAVA
"梅卡瓦"主战坦克（以色列）

■ 简要介绍

"梅卡瓦"主战坦克是以色列于1967年开始研制的一型主战坦克，1979年开始服役于以色列国防军。该型坦克已发展出4种型号，是世界上经历实战次数最多的主战坦克之一。

■ 研制历程

1967年爆发中东战争，以色列认为，这场战争证明了"机动防护"的意义不大，从而确立了研制新型主战坦克的三大性能次序：防护力、火力和机动性。由泰勒将军指挥的设计工作始于1970年8月，1974年定型为"梅卡瓦"主战坦克。此后至2002年，这一系列坦克逐渐发展出了MK1、MK2、MK3、MK4，4种型号。

鉴于将防护性能置于三大性能之首的设计理念，"梅卡瓦"坦克为减少弹药爆炸引起的二次效应，车体前部和炮塔座圈以上部分不放置弹药；用于保护乘员的装甲重量占坦克战斗全重的70%，大大高于其他坦克。

该坦克与众不同之处在于，将动力－传动装置前置，从而提高了坦克正面防护能力，以保护乘员安全；重要部分采用间隙和间隔装甲技术。

基本参数	
车长	8.63米~8.78米
车宽	3.7米
车高	2.75米
车重	62吨~65吨
装甲	复合装甲
最大速度	55千米/小时
最大行程	500千米

■ 实战表现

"梅卡瓦"坦克第一次投入的战斗是1982年黎巴嫩战争中的贝卡谷地之战。以色列方面出动了6个师共1200辆坦克，其中"梅卡瓦"坦克200辆；对手是以叙利亚军队为首的装甲部队，出动了T-55、T-62和T-72坦克。在坦克大战中，"梅卡瓦"坦克明显占据上风，战损的坦克中只有7辆坦克彻底报废无法修复。

知识链接 >>

以色列军方高层认为，在现代战争中，坦克不再起决定性作用，"梅卡瓦"坦克质量再高，也难再有理想的表现，于是2007年计划停止"梅卡瓦"坦克的生产，而且进一步缩小陆军装甲规模，以更多重型步兵战车和自行火炮提高机械化水平。

▲ "梅卡瓦"主战坦克开火

ABRAMS
"艾布拉姆斯"系列主战坦克（美国）

■ 简要介绍

"艾布拉姆斯"系列主战坦克是世界范围内最具代表性的坦克家族，是由美国克莱斯勒防务公司开发设计，美国陆军在1980年年初开始引入的现役装备，出口至多个国家。该系列坦克有M1、M1A1、M1A2、M1A2 SEP共4种型号，目前现役的最先进型号为M1A2 SEP。

■ 研制历程

20世纪60年代，美国陆军提出更换M60坦克的需求，随后美国与德国展开了新型坦克的研发工程。在放弃一些复杂技术指标后，最终，美国方面集中资金进行M1"艾布拉姆斯"项目的研发，原型车由克莱斯勒公司与通用汽车公司制造，在1976年交付测试。

M1"艾布拉姆斯"坦克的主炮为105毫米口径的M68线膛炮（M1A1"艾布拉姆斯"则换为120毫米口径滑膛炮），可以发射美军的M833贫铀穿甲弹；采用指挥仪式火控系统，能够在战场硝烟中和恶劣气候环境下做到先敌发现、先敌开火。M1A2"艾布拉姆斯"则增加了车际信息系统，允许车辆之间进行自动连续的信息传输，提升战场态势感知能力。

M1"艾布拉姆斯"采用了"乔巴姆"复合装甲，不仅善于防护破甲弹的攻击，还大大提升了抵挡动能穿甲弹的能力。

基本参数

车长	9.82米
车宽	3.65米
车高	2.88米
车重	58.25吨
装甲厚度	12.5毫米~125毫米
最大速度	72.42千米/小时
最大行程	498千米

■ 实战表现

M1"艾布拉姆斯"坦克从1980年开始入列服役，主要装备美国陆军，M1A1和改进型M1主要装备在美国本土，而驻欧美军装备的M1坦克逐渐被M1A1坦克代替。M1坦克可用美国空军的C-5A"银河"喷气式运输机空运，在极短时间内可运至指定作战区域。M1在海湾战争中由沙特阿拉伯初次投入战场，其在性能上胜过它的对手——伊拉克配备苏联制造的T-72、T-62和T-55。

▲ M1A1 坦克

知识链接 >>

美国"艾布拉姆斯"系列坦克的改进发展是军事大国坦克发展的风向标，少数军事强国根据现代战场的需要，将传统"车加炮"的坦克单一车辆性能强化发展为信息化、数字化网络下的作战坦克，这种坦克不但具备更可靠的防护与攻击能力，还集成了信息化作战系统，将坦克的单打独斗作战演变为陆军作战体系间的对抗，战斗力倍增。

BLACK EAGLE
"黑鹰"主战坦克（俄罗斯）

■ 简要介绍

  "黑鹰"主战坦克是俄罗斯的技术验证坦克，在国际武器评估小组评出的1999年世界10种最先进主战坦克中排名第六。2011年，"黑鹰"主战坦克项目被俄罗斯国防部取消，但"黑鹰"却成为俄罗斯后续发展"阿玛塔"通用作战平台和T-14主战坦克的技术基础。

■ 研制历程

  20世纪80年代中期，苏联军方认为T-64、T-72和T-80三型主战坦克的改进型号在总体性能上仍不能对西方主战坦克构成绝对优势，于是鄂木斯克运输机械制造设计局于1987年开始研制"黑鹰"坦克。苏联解体后，研制工作一度中断，一直到1999年，"黑鹰"坦克才正式在第三届鄂木斯克地面武器展览会上露面。

  "黑鹰"主战坦克主武器是1门2A46M-4型125毫米滑膛坦克炮，火炮炮口有初速度测速装置，因而大大提高了射击精度及炮管寿命。

  该坦克高度降低到2米以下，在战场上更难被发现；炮塔采用类似西方带尾舱的焊接炮塔，标准组件式附加反应装甲，炮塔前装甲倾斜71°，大大提高了来袭弹药跳弹的概率。另外，还安装有"阿雷纳"主动防护系统。

基本参数	
车长	6.86米
车宽	3.59米
车高	1.82米
车重	48吨
装甲	复合装甲
最大速度	70千米/小时
最大行程	550千米

■ 实战表现

  "黑鹰"作为俄罗斯一种试验性坦克，并没有参加过实战，1999年在武器展览会上一亮相，便成为当年世界坦克界最热门的话题。令西方极其感兴趣的是"黑鹰"上的许多先进装备，如可侦测30千米范围内直升机的传感器，以及神秘的RPZ-86M型防雷达探测涂层，这种涂层能有效减少坦克被敌方发现的概率。

▲ "黑鹰"主战坦克

知识链接 >>

"阿雷纳"主动防护系统是由俄罗斯机械生产设计局和相关企业联合研制开发的,整个系统由多用途小型雷达、反应迅速、威力巨大的防御弹药和专用计算机组成。该系统是世界上第一种已能投入实战的主动防御系统,当时欧美国家还没有一种类似的装置能够和该防御系统相抗衡。防务专家推断,安装有"阿雷纳"主动防护系统的"黑鹰"坦克,性能最少提高了3倍以上。

T-90 主战坦克（俄罗斯）

■ 简要介绍

T-90 主战坦克是 20 世纪 90 年代初苏联设计生产的第三代主战坦克，1990 年以 T-72 主战坦克车体为基础开始研制，1994 年装备俄罗斯陆军，它上承 T-72，下启 T-95，沿袭了俄式坦克的基本特色。其后不断改进提高，有改进型号 T-90E 和 T-90S 及多种衍生型号。

■ 研制历程

20 世纪 80 年代，苏联还没有真正意义上的第三代主战坦克。由于当时经济不景气，于是苏联把注意力放在改造已有的主战坦克上，以 T-72 坦克为基础研制新型第三代主战坦克。1989 年 1 月，苏联乌拉尔车辆制造生产联合体设计局承担研制项目，1990 年将新型坦克定型为 T-90。

T-90 主战坦克装备 1 门 125 毫米滑膛炮，射击精度提高很多，能发射新一代 125 毫米穿甲弹，在 2000 米距离穿甲厚度为 875 毫米。另一种是有三重装药的 3BK29M 破甲弹，能在击毁任何反应装甲之后再击穿厚度在 710 毫米以上的主装甲。

炮射导弹采用"映射"控制系统，可引导导弹 6000 米距离的命中精度达 95%。采用改进型 9M119M 导弹，最大有效射程 10000 米，可将敌坦克、车载反坦克制导武器和武装直升机攻击弹药摧毁。

基本参数	
车长	9.53 米
车宽	3.46 米
车高	2.26 米
车重	46.5 吨
最大速度	60 千米/小时
最大行程	650 千米

■ 实战表现

伊拉克军方在坦克招标中最终选择 T-90 主战坦克，正是看中其实用性：皮实耐用、维修方便，在伊拉克的地理环境中表现良好，其发动机更适应当地常见的沙尘天气以及复杂地形，而且零配件更换非常简易，便于战场快速维修，这是精致的美制坦克无法比拟的。

▲ T-90 主战坦克

知识链接 >>

T-90主战坦克应用了多种新技术，综合考虑了战术和技术特征以及在世界任何地区执行现代作战任务的能力，达到了其他国家先进坦克的同一水平，某些方面作战能力更强。比如采用经济性更好的柴油机，比T-80U坦克极其昂贵的燃气轮机更适于大量装备。而其技术性能与德国的"豹"Ⅱ和土耳其的"阿尔泰"坦克相比较存在优势，与美国的M1A2"艾布拉姆斯"主战坦克大体相当，各有短长。

T-14 主战坦克（俄罗斯）

■ 简要介绍

T-14 主战坦克是俄罗斯为代替 T-72 坦克和 T-90 主战坦克研制的第四代主战坦克。其于 2015 年俄罗斯红场阅兵时首次亮相。有专家认为，T-14 坦克已经决定了未来几十年世界坦克制造业的发展趋势。

■ 研制历程

在苏联 - 俄罗斯过渡时期，陆军坦克部队的主战坦克是 T-90 坦克系列。在 T-90 的基础上，俄罗斯军方开展了 T-95 的研制工作，并于 2010 年完成该项工作，随后开始了重型履带"舰队"装甲平台方案的研究。2012 年，俄罗斯政府正式批准了 T-14，即代号"阿玛塔"坦克研制项目。

T-14 坦克的主要武器是 125 毫米的内膛镀铬且无抽烟装置的 2A82-1M 型滑膛炮。该炮能够发现现有的所有 125 毫米炮弹，也能够发射该炮专用的新型炮弹。火炮的技术性能超过世界上所有坦克炮 20%~25%。在炮口能量方面，几乎超出"豹"Ⅱ A6 坦克火炮 20%。

该坦克的炮塔也配备 1 个 30 毫米口径火炮，用以打击各种目标。炮塔配备的 12.7 毫米重型机枪能够打击来袭的炮弹，能打击速度接近 3000 米 / 秒的炮弹破片。

基本参数

车长	10.8米
车宽	3.6米
车高	3.3米
车重	65吨
装甲	复合装甲
最大速度	90千米 / 小时
最大行程	大于500千米

■ 实战表现

据媒体称，T-14 主战坦克可抵御世界上已公开的任何反坦克武器的打击，采用乘员舱隔舱化设计和无人炮塔战斗室的 T-14"阿玛塔"坦克在乘员安全性上较 T-90 坦克有了质的飞跃。2017 年 8 月，在"军队— 2017"国际军事技术论坛期间，俄罗斯宣布将在 2020 年之前向俄武装部队交付 100 辆 T-14"阿玛塔"主战坦克，第一辆 T-14"阿玛塔"主战坦克列装第二近卫"塔曼斯卡亚"摩托化步兵师的第一近卫坦克团。

知识链接 >>

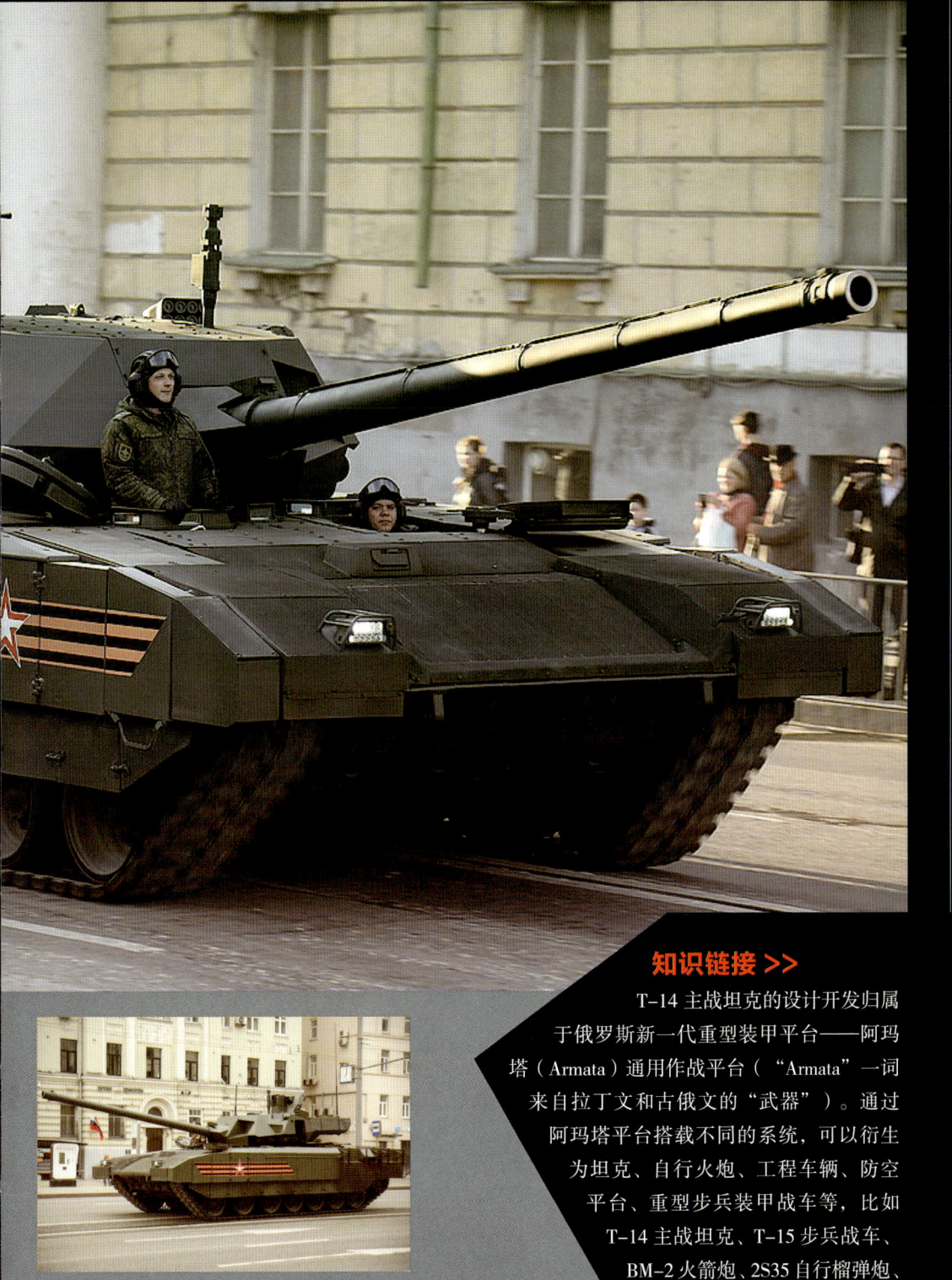

　　T-14 主战坦克的设计开发归属于俄罗斯新一代重型装甲平台——阿玛塔（Armata）通用作战平台（"Armata"一词来自拉丁文和古俄文的"武器"）。通过阿玛塔平台搭载不同的系统，可以衍生为坦克、自行火炮、工程车辆、防空平台、重型步兵装甲战车等，比如T-14 主战坦克、T-15 步兵战车、BM-2 火箭炮、2S35 自行榴弹炮、T-16 装甲维修车。

▲ T-14 主战坦克

CHALLENGER I
"挑战者"I主战坦克(英国)

■ 简要介绍

"挑战者"I主战坦克是20世纪80年代初英军为取代20世纪60年代装备的"百夫长"坦克,而由英国维克斯防务系统公司生产的该系列主战坦克中的首位成员,是较重的一种主战坦克。该坦克于1983年列入英军装备,之后的改进型有"挑战者"Ⅱ型及最新的ⅡE型。

■ 研制历程

1974年,伊朗向英国订购了707辆经现代化改造的"奇伏坦"MK5P坦克,同时提出增加发动机功率的要求。从此,英国便开始了FV4030坦克系列的研制工作,后来,利兹皇家兵工厂在FV4030/3型坦克基础上发展出了"挑战者"坦克。

"挑战者"I主战坦克的主要武器是1门L11A5式120毫米线膛坦克炮,可以发射多种穿甲弹;采用"马可尼"指挥和控制系统,大大缩短从捕捉目标到射击所需的反应时间,使火炮对3000米固定目标和2000米活动目标射击具有较高的首发命中率。

该坦克的车体和炮塔使用的"乔巴姆"装甲,被视为第二次世界大战以来坦克设计和防护方面取得的最显著成就,与等重量钢质装甲相比,大大提高了抗破甲弹和碎甲弹的能力,但体积和重量增加不多。

■ 武器性能

"挑战者"I主战坦克主要武器是1门L11A5式120毫米口径线膛坦克炮,之后的车型安装1门XL30式高膛压线膛坦克炮。该炮炮管上装有热护套、抽气装置和炮口校正装置,炮身用新型电渣重熔钢制成,炮尾闭锁机构采用新型结构,可以承受高膛压。炮管寿命为500发全装药弹,在内膛磨损量达到极限值前不会因材料疲劳而报废,炮尾寿命是身管寿命的10倍。

基本参数

车长	11.56米
车宽	3.51米
车高	2.5米
车重	62吨
装甲	乔巴姆装甲
最大速度	56千米/小时
最大行程	450千米

知识链接 >>

乔巴姆（Chobham）是英国南方一个很不起眼的小镇，设有英国皇家装甲研究院。1976年6月22日，英国著名的《泰晤士报》公布了一条简短但很有分量的新闻：英国于1974年成功研制"乔巴姆"装甲，遂使这个小镇名声大噪。

▲ "挑战者"I 主战坦克

CHALLENGER II
"挑战者"Ⅱ主战坦克（英国）

■ 简要介绍

"挑战者"Ⅱ主战坦克是英国维克斯防务系统公司制造的"挑战者"系列主战坦克中的重要新生型号，是"挑战者"Ⅰ坦克的衍生型，虽然它的车体看起来和"挑战者"Ⅰ型并没有太大不同，但各项改良总计达到156项之多。该型坦克于1991年开始入役英国皇家陆军。

■ 研制历程

1989年年末，英国国防部已经向利兹皇家兵工厂订购了超过400辆的"挑战者"Ⅰ主战坦克。而作为替换英国陆军剩余500辆"奇伏坦"坦克的竞争方案之一，维克斯防务系统公司早就开始了"挑战者"Ⅱ主战坦克的研制工作。这种新型的坦克依然采用"挑战者"Ⅰ坦克的底盘，却进行了多达156项改良。

"挑战者"Ⅱ主战坦克的主要武器是1门L30型120毫米线膛坦克炮，可发射尾翼稳定脱壳穿甲弹、高爆破甲弹或发烟弹，还可以发射贫铀弹头，大大提高了装甲贯穿能力；火炮的控制系统为全电式火炮控制和稳定系统，并装备有计算设备公司制造的数字火控计算机。

"挑战者"Ⅱ的炮塔防护采用的是第二代"乔巴姆"复合装甲，炮塔中还装有1套核、生、化防护系统。

基本参数

车长	11.5米
车宽	3.52米
车高	2.49米
车重	62.5吨
装甲	第二代"乔巴姆"装甲
最大速度	56千米/小时
最大行程	450千米

■ 使用情况

1991年，英国军方订购了首批127辆"挑战者"Ⅱ坦克；1994年，英国军方再次订购了259辆该型坦克。1998年6月，"挑战者"Ⅱ主战坦克正式交付英国陆军。至2002年，英国陆军所有的团都装备了该型坦克。1993年，阿曼苏丹国向英国订购了18辆"挑战者"Ⅱ；1997年11月，再次购买了20辆。2001年，阿曼苏丹国订购的坦克完成交付。

▲ "挑战者"Ⅱ主战坦克

知识链接 >>

"挑战者"Ⅱ主战坦克,其实是英国"挑战者"系列坦克的第三种车型。该系列坦克的第一种车型是第二次世界大战时制造的"克伦威尔"坦克,而第二种车型则是现身于海湾战争的"挑战者"Ⅰ坦克。虽然"挑战者"Ⅱ的设计由"挑战者"Ⅰ衍生而来,但二者只有5%的机件可共用,因此在研制中进行了大量的改装。

LECLERC

"勒克莱尔"主战坦克（法国）

■ 简要介绍

"勒克莱尔"主战坦克是法国 GIAT 集团在 20 世纪 80 年代为法国陆军研制的新一代主战坦克，为纪念第二次世界大战时首先率军进入巴黎的法国陆军名将菲利普·勒克莱尔元帅而命名。

■ 研制历程

二战结束后，法国的 AMX-13、AMX-30 等坦克都是将机动力放在第一位、牺牲装甲厚度的轻型坦克。到 20 世纪 80 年代后，德国"豹"Ⅱ、美国 M1 都能兼顾火力、机动力与防护力，于是，法国 GIAT 集团决定自行发展新一代的坦克。1986 年 1 月，新型坦克研制成功，并正式命名为"勒克莱尔"主战坦克（编号 AMX-56）。

"勒克莱尔"主战坦克的主武器为 1 门 120 毫米滑膛炮，弹药包括尾翼稳定脱壳穿甲弹、高爆穿甲弹与高爆榴弹；拥有电子伺服陀螺仪二轴炮身稳定系统，能间接瞄准射击，并通过精密复杂的计算机射控系统与观测系统同步动作。

该坦克采用钢制全焊接车体与炮塔，车体与炮塔本身拥有一层基底装甲，炮塔四周可加挂复合装甲，这使它成为继以色列"梅卡瓦"MK3 之后，世界上又一种使用模块化装甲技术的主战坦克。

基本参数

车长	9.87米
车宽	3.71米
车高	2.7米
车重	53吨
装甲	复合装甲
最大速度	71千米/小时
最大行程	550千米

■ 实战表现

在科索沃战争中，法国派遣了一个拥有 15 辆"勒克莱尔"的加强坦克连前往该地，首开该车参与实战的先河。该"勒克莱尔"加强连在驻防科索沃期间，后勤支援兵力有限，但仍维持了一定的可靠度。

知识链接 >>

菲利普·勒克莱尔（1902—1947），1922年从军，1940年在德国入侵比利时的战争中负伤，经由西班牙、葡萄牙辗转到英国加入自由法国的军队，之后，参加过占领突尼斯、诺曼底登陆等战役，率领自己组建的第二装甲师解放了巴黎。德国投降后，他担任法军太平洋战区司令，1945年9月2日，代表法国签署了日本投降文书。1947年11月，他因飞机意外坠毁而逝世，1952年被法国政府追晋为元帅。

▲ 从车顶看炮手席

K1 主战坦克（韩国）

■ 简要介绍

K1 主战坦克是韩国陆军现役主力主战坦克，为韩国现代精密工业公司在美国 M1 系列主战坦克的基础上研制而成的，其总体布置与 M1 主战坦克基本相同，外形相似。该系列主要种类有 K1A1 和 K1M 型主战坦克。

■ 研制历程

自 20 世纪 60 年代，韩国经济开始迅速发展，于是决定研制国产主战坦克，由于自身不具备经验和条件而求助于美国。1980 年，韩国方面选定美国克莱斯勒防务公司（后并入通用公司）研发新型坦克，美国人将这种坦克称为 XK-1 坦克；1984 年在韩国现代车辆厂正式生产，1987 年定名为 K1 坦克（或"88 坦克"）。

K1 坦克的主炮采用了西方第二代坦克的标准 L7A3 型 105 毫米线膛炮（至 K1A1 时改为 120 毫米口径火炮），可发射尾翼稳定脱壳穿甲弹、空心装药破甲弹、脱壳穿甲弹、白磷弹和训练弹等，并且安装了第三代坦克火控系统。

K1 坦克前部采用复合装甲的设计比 M1 坦克更加先进，装甲由多个平面构成，比 M1 坦克更为复杂，其抗弹性能也更好；采用了独特的扭杆-液气混合悬挂系统，因此坎坷地形通过能力较强。

■ 实战表现

该系列坦克中的 K1A1 型主要在韩国军队服役量产，预计 K1A1 和后续的 K1A2 将替换所有韩国军队中的旧式美制 M47 和 M48 坦克，成为韩国陆军中的主力坦克，这便是韩国的"黑豹专案"陆军大换装计划。

基本参数	
车长	9.67 米
车宽	3.6 米
车高	2.25 米
车重	51.1 吨
装甲	"乔巴姆"装甲
最大速度	65 千米/小时
最大行程	450 千米

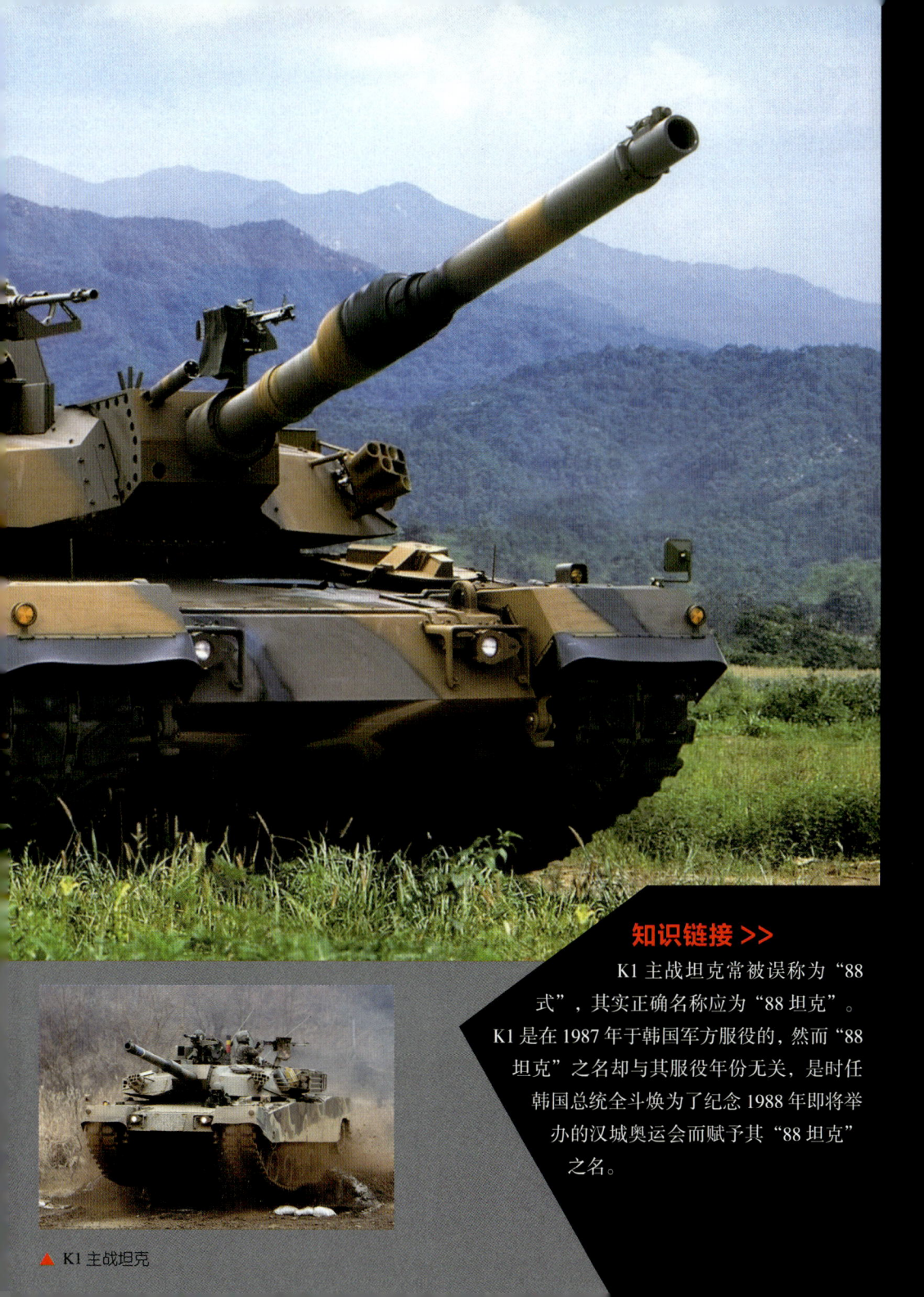

知识链接 >>

K1主战坦克常被误称为"88式",其实正确名称应为"88坦克"。K1是在1987年于韩国军方服役的,然而"88坦克"之名却与其服役年份无关,是时任韩国总统全斗焕为了纪念1988年即将举办的汉城奥运会而赋予其"88坦克"之名。

▲ K1主战坦克

K2 主战坦克（韩国）

■ 简要介绍

K2 主战坦克是韩国国防科学研究所和现代汽车下属单位，以及韩国其他的国防工业公司合作研制的新一代主战坦克，使用外国和本国技术混合研发而成。该型坦克从 1995 年开始研发，2011 年开始量产，被韩国国防科学研究所形容为"全世界技术水平最高的一种主力战地坦克"。

■ 研制历程

1995 年，韩国国防科学研究所开始研发新坦克，并着重于国内科技的采用。历经 11 年，耗费了 2.3 亿美金，2006 年该坦克终于完成量产前的测试，2007 年定型为 K2，代号"黑豹"主战坦克。

K2"黑豹"主战坦克的主炮是德国 L/55 型 55 倍径 120 毫米滑膛炮，具有自动装填弹药和每分钟可以发射多达 15 发炮弹的能力。一个独特的系统令它可以在移动中发炮，即使在地势崎岖的地方也不受影响。而特制的液气悬架系统使其在下山时也能发射。

K2 具备一系列新型电子防御功能，其激光探测器可以即时告知乘员敌方激光束来自何方，并给予干扰屏蔽。火控系统可以自动追踪目标，此外，和友车间的资讯作战网联结可避免多车重复瞄准同一目标。

基本参数

车长	10 米
车宽	3.6 米
车高	2.5 米
车重	55 吨
装甲	复合装甲
最大速度	70 千米/小时
最大行程	430 千米

■ 实战表现

2013 年 11 月 1 日，在首尔国际航空防务展上，现代公司官方证实，K2"黑豹"主战坦克正在批量生产，2014 年 6 月，韩国陆军第一批 K2 战车成军。2016 年 1 月 15 日，韩国陆军第 20 师举行了冬季战术训练。K2 主战坦克负责进行火力压制和涉水冲锋，掩护 K21 步兵战车通过浮桥。18 日，韩国国防部首次公开了 K2"黑豹"主战坦克实战演习照片。

▲ K2 主战坦克

知识链接 >>

K2"黑豹"作为韩国主战坦克新锐,融合了当今世界第三代坦克之所长,是名副其实的"混血",其在火炮威力、火控系统、装甲防御、动力等方面都有极大提高。因此在韩国一家主流军事网站公布的全球最强10款主战坦克评选中,德国"豹"Ⅱ A7坦克占据榜首,韩国K2紧随其后排名第二,而美国M1A2名列第三。

TYPE 10
10式主战坦克（日本）

■ 简要介绍

10式主战坦克是由日本防卫省技术研究本部主持，三菱重工公司开发生产的日本陆上自卫队新一代主战坦克。该型坦克于2008年正式公开，2012年正式服役于日本陆上自卫队。该坦克采用了多种革命性新技术，在世界坦克排行榜上一直有很高的名次。

■ 研制历程

日本的90式主战坦克是冷战时期的产物，数量少、价格昂贵，而且车体重大，仅适合部署于北海道地区。2004年，日本防卫省进行新一代TK-X坦克计划，仍由三菱重工公司负责；2010年新型坦克定型，被命名为10式坦克。

10式主战坦克的主要武器是1门120毫米44倍径滑膛炮，辅助武器为1挺"勃朗宁"M2重机枪和1挺74式车载机枪。

该坦克的炮塔配备全景日视和夜视仪，使车长能够轻易整合到团级新型基础指挥控制系统。它配备现代化猎歼能力，能向静止中和移动中的目标开火；另外还安装导航系统和战场数字指挥系统。

基本参数

车长	9.42米
车宽	3.24米
车高	2.3米
车重	44吨
装甲	复合装甲
最大速度	70千米/小时
最大行程	440千米

■ 实战表现

2011—2015年，约有68辆10式坦克入装日本陆上自卫队。原本日本陆上自卫队一个74式主战坦克中队配备16辆坦克，而一个90式坦克中队则配备12辆坦克。随着陆上自卫队现役坦克数量的削减，一个10式坦克中队也只装备12辆坦克。

▲ 10式主战坦克开火

知识链接 >>

20世纪90年代冷战结束后，日本不再担心苏联陆军渡海登陆，致使主战坦克在日本本土防务的重要性下降。在2004年制订的防卫计划大纲中，日本将陆上自卫队的主战坦克数量由900辆削减至600辆左右，代之以更轻型、更具机动力与任务弹性的快速反应部队编制。在2010年年底新版防卫大纲中，日本进一步将陆上自卫队的主战坦克数量删减为400辆。

C1 ARIETE
C1 "公羊"主战坦克（意大利）

■ 简要介绍

C1 "公羊"是 20 世纪 80 年代中后期意大利自行研制与生产的陆军第三代主战坦克。作为意大利发展本国军工业的产物，其采用的国产技术比例相当高。它能在"世界坦克排行榜"前十名占有一席之地，说明性能不错，有一定战斗力。

■ 研制历程

1984 年，意大利总参谋部为应对冷战局势，自主设计换代坦克，由依维柯菲亚特公司和奥托梅莱拉公司负责，研制名为 C1 的样车，要求该坦克适合意大利军队装备，性能达到世界第三代主战坦克的水平，但价格要尽量低。

C1 "公羊"坦克的主炮为 1 门 120 毫米的 44 倍径滑膛炮，配用的弹种有尾翼稳定脱壳穿甲弹和高爆穿甲弹，辅助武器是 7.62 毫米并列机枪，炮塔两侧共有 8 座多用途发射器。

装甲采用全焊接车体与炮塔，炮塔正面与车体又配有复合装甲，并能挂载更多装甲套组。火控系统 TURMS FCS 具有猎歼能力，附有激光测距仪与红外线热影像仪；另外具有核生化防护系统 SP-180 和英国航太的激光警示装置。

基本参数

车长	9.52米
车宽	3.61米
车高	2.45米
车重	48吨
装甲	复合装甲
最大速度	65千米/小时
最大行程	600千米

■ 实战表现

截至 2002 年，在交付意大利陆军 200 辆后，C1 "公羊"主战坦克正式停产。按计划会有后继型"公羊"MK 2/C2 主战坦克来接替，不过现阶段，意大利军队中服役的中坚力量还是 C1 主战坦克。

▲ C1"公羊"主战坦克

知识链接 >>

C1作为主战坦克从服役以来一直是意大利装甲部队最为重要的组成部分。虽然在近几年国际武器组织的"世界坦克排行榜"中，C1"公羊"大多在第8名~10名徘徊，但其最大的优势还在于低廉的价格，一辆C1造价仅70万美金，和动辄几百万美金造价的其他主战坦克相比，C1绝对可以称得上物美价廉，具备在国际市场上参与激烈竞争的能力。

LEOPARD IIA6

"豹" ⅡA6 主战坦克（德国）

■ 简要介绍

"豹" ⅡA6 主战坦克是德国"豹"Ⅱ坦克的改进型，于 1999 年定型后，即成为世界上顶级坦克之一。其使用的新型火炮穿甲弹具有射程远、精度高、穿甲能力强的特点。除装备德军外，"豹" ⅡA6 还被部署于丹麦、希腊、荷兰、西班牙、葡萄牙等国的军队中。

■ 研制历程

德国"豹"Ⅱ主战坦克产生后，便成为坦克家族中的新宠。而且德国及各输出国围绕它的改进工作一直都没停过，比如克劳斯公司，就不断开发和生产各种改进套件来改进"豹"Ⅱ主战坦克，于 1999 年将改进后的新型号定型为"豹" ⅡA6 主战坦克。

"豹" ⅡA6 的主武器是 1 门 55 倍口径 120 毫米滑膛炮，使用钨合金弹，在常温状态下穿深达 900 毫米，而且精度相当高，射程达 5000 米，为目前世界上射程最远的坦克火炮。

其指挥仪式火控系统非常先进，车长和炮长能在全天候条件下捕捉目标；使用了基于陀螺技术和有全球定位系统支持的混合式导航系统，使该坦克在任何作战环境中都能导航。

除复合装甲外，"豹" ⅡA6 的突出特点是对地雷的防护能力达到了世界先进水平，可以在雷区灵活地穿梭行动。

基本参数

车长	9.61米
车宽	3.42米
车高	2.48米
车重	55.81吨
装甲	复合装甲
最大速度	72千米/小时
最大行程	550千米

■ 实战表现

豹ⅡA6 在实战中，强劲的动力系统为它加分不少。它装备了 MTU 公司研制的四冲程 12 缸水冷预燃式增压中冷柴油机。从 0 加速到 32 千米/小时仅需要 6 秒钟。俗话说兵贵神速，坦克是很笨重的武器，如果能够使其具备灵敏的机动性，不论是在战场上进攻还是撤退，都具有非常重要的意义。

知识链接 >>

"豹"ⅡA6对地雷的防护组件有安装在坦克底板下的附加被动装甲、新型车体逃离舱口，还有改进的驾驶员、车长、炮手和装填手座椅等。此外，车辆底部的弹药储存区也被腾空，使坦克乘员不再担心自己"坐在火药桶上"了。

▲ "豹"ⅡA6坦克先进的驾驶舱

LEOPARD IIA7
"豹" ⅡA7 主战坦克（德国）

■ 简要介绍

"豹" ⅡA7 主战坦克是德国"豹" Ⅱ系列的最新型号，于 2006 年在萨托里防务展上首次对外公开展出，坦克战斗全重达 67 吨，适于传统军事作战和城区作战。尤其改进型"豹" ⅡA7+ 主战坦克，能够根据用户特殊需求进行优化升级，堪称世界上最好的坦克。

■ 研制历程

早在 2004 年，克劳斯公司就预见到，装备"豹" Ⅱ主战坦克的国家将越来越多地参与联合国维和行动。所以，该公司决定自筹资金，采用一些"豹" ⅡA6 系列上已经试验过的技术，加装了新的摄像机系统和新的附加装甲组件，研制出了"豹" ⅡA7。

"豹" ⅡA7+ 主战坦克装备一门 120 毫米 55 倍径滑膛炮，具有极高的精准度，炮口初速达到 1750 米/秒，使用 DM63 钨合金弹，在常温状态下穿深可达 680 毫米。

"豹" ⅡA7+ 的升级组件，包括顶置 FLW 200 遥控武器站；车体正面区域、车体侧部和炮塔安装附加被动装甲，进一步提高了生存力。

该坦克配装增强热像仪，提高 360° 态势感知能力；盘右后部安装辅助动力组件，使得主要子系统能够在主发动机停止运转时工作；如果需要，车体前部也可安装推土铲。

■ 实战表现

2006 年 6 月 27 日，"豹" ⅡA7+ 主战坦克在萨托里防务展上首次对外公开展示，之后实现量产，于 2014 年正式装备服役于德国陆军。作为"豹" Ⅱ主战坦克系列的最新版本，它迅速成了德军的主力坦克。

基本参数	
车长	9.7 米
车宽	3.7 米
车高	2.8 米
车重	67 吨
装甲	复合装甲
最大速度	72 千米/小时
最大行程	550 千米

▲ "豹"Ⅱ A7 主战坦克

知识链接 >>

2013年11月28日,美国陆军技术网站对多国的主战坦克按照火力、机动性和防护性进行了排名,德国"豹"Ⅱ A7+ 名列榜首。排名顺序依次为德国"豹"Ⅱ A7+、美国的 M1A2 "艾布拉姆斯"、英国的"挑战者"Ⅱ、韩国的 K2 "黑豹"、以色列的"梅卡瓦"MK4、日本的 10 式、法国的"勒克莱尔"、俄罗斯的 T-90MS、乌克兰的"堡垒"-M。

T-84-120 主战坦克（乌克兰）

■ 简要介绍

T-84 主战坦克是乌克兰哈尔科夫莫洛佐夫坦克设计局在苏联 T-80UD 主战坦克的基础上，于 20 世纪 90 代中期进行一系列改进研制而成的一型坦克。其最新改进型 T-84-120 将苏式坦克的短小精悍与西方坦克注重乘员生存能力及操作舒适性等优点结合到了一起，官方将这种改进型坦克命名为"堡垒"。

■ 研制历程

苏联解体以后，乌克兰新政府向西方靠拢，莫洛佐夫坦克设计局引入了多项西方技术对旧式坦克进行一些改进，以提高坦克的总体生存力及火力性能。1994 年，设计局开始试制 T-84 主战坦克；之后在 T-84 的基础上设计出 T-84-120 坦克，其正式名称为"堡垒"。

T-84-120"堡垒"坦克的主要武器为 1 门 125 毫米口径滑膛炮，常规炮弹主要有尾翼稳定贫铀脱壳穿甲弹、尾翼稳定空心装药破甲弹、碎甲弹和杀伤爆破榴弹，并可发射射程达 6000 米的炮射激光制导炮弹。

T-84-120"堡垒"坦克装备的新一代动能防护装甲，能够有效抵御任何一种现代化串联式反坦克武器的打击。更重要的是，它能够在 –40 ℃ ~ 55 ℃ 的高湿度环境中保持正常的作战能力。

■ 实战表现

1999 年，T-84 主战坦克开始在乌克兰的军队中服役。2001 年开始，有 10 辆改进型的 T-84-120"堡垒"坦克进入乌克兰军队服役。此外，2011 年，泰国从乌克兰引入了 49 辆 T-84-120"堡垒"主战坦克。

基本参数

车长	9.9 米
车宽	3.4 米
车高	2.2 米
车重	48 吨
装甲	复合装甲
最大速度	70 千米 / 小时
最大行程	540 千米

▲ T-84-120 "堡垒"主战坦克

知识链接 >>

关于 T-84 的改进型 T-84-120 "堡垒"上的这门大口径的火炮,乌克兰莫洛佐夫设计局的技术人员坚持说:"火炮及弹药百分之百采用的是乌克兰的技术。"不过另有传闻,该设计局曾和法国的 GIAT 公司合作过,获得过该公司的一些技术转让,比如"堡垒"的自动装弹机设计明显地借鉴了法国"勒克莱尔"坦克的有关技术。

KERN-2.120
"克恩" - 2.120 主战坦克（乌克兰）

■ 简要介绍

"克恩" - 2.120 是乌克兰莫洛佐夫设计局于 21 世纪最新设计的坦克。这种新型坦克是在 T-84 坦克的基础上，将传统苏式坦克的典型优点和最新一代北约标准坦克的特性结合而成的。该坦克也可以安装诸如新型地面导航和通信系统以及北约各种类型的机枪。

■ 研制历程

2001 年，乌克兰莫洛佐夫设计局把传统苏式坦克的典型优点和最新一代北约标准坦克的特性结合在一起，开始在 T-84 坦克的基础上，研制最新设计的坦克，即"克恩" - 2.120 主战坦克。

"克恩" - 2.120 坦克的主武器是双向稳定 50 倍口径 120 毫米滑膛炮，可以发射所有北约标准弹药，其炮射导弹是俄罗斯 9K120 / 9K119 型炮射导弹的变型弹，可捕捉远达 5000 米的地面目标和空中目标。采用自动装弹机和"猎歼"式火控系统，火炮的修正值是自动测算和输入的，因此在行进间的首发命中率很高。

该坦克的多层被动装甲由内置的新一代反应单元构成，给乘员提供了对聚能战斗部和动能穿甲弹的极强防护能力，并对恶劣环境具有很好的适应性。

基本参数

车长	9.7米
车宽	3.3米
车高	2.3米
车重	46吨
装甲	复合装甲
最大速度	70千米 / 小时
最大行程	540千米

■ 实战表现

"克恩" - 2.120 主战坦克入役乌克兰军队后，包括坦克在内的多种武器都得到了检验。而美国也发现，自己生产的"陶"Ⅱ反坦克导弹居然无法对抗俄罗斯的 T-90 坦克，于是愈发对俄（苏）系坦克产生了兴趣，便在 2018 年 3 月与乌克兰签订合约，决定购买 T-84 坦克。

知识链接 >>

"克恩"- 2.120 为乘员和维修人员提供了全面培训系统。其中包括计算机控制的战斗舱模拟器、计算机控制的驾驶室模拟器、坦克总体布置培训站、各主要系统培训站、计算机显示系统、培训影片。

▲ "克恩"- 2.120 主战坦克

SABRA
"萨布拉"主战坦克（以色列）

■ 简要介绍

"萨布拉"主战坦克是以色列在原有的"马加奇"7型坦克基础上发展升级的新型版本。为了出口需要，以色列通过一系列的模块化升级改进方案，使这种新型坦克可以满足不同国家的特殊使用要求。

■ 研制历程

20世纪80年代之前，以色列国防军中的主力是来自美国的"巴顿"系列坦克。在应用的同时，以色列人动手改进，形成了"马加奇"系列。到了1998年，以色列军事工业集团面向国际市场，推出了一款发展升级的新型版本，并且改名为"萨布拉"主战坦克。

"萨布拉"坦克的主要武器是1门120毫米滑膛炮，可以发射多种标准120毫米滑膛炮弹药。辅助武器包括1挺5.56毫米并列机枪和1挺7.62毫米高射机枪，还可以根据需要选装60毫米迫击炮。

坦克的炮塔采用了防弹倾角型前装甲套件设计，一套液压和电机组合系统负责驱动炮塔进行360°旋转和火炮俯仰。高精度主炮火控系统整合了炮塔控制驱动系统和火炮双向稳定控制系统，实现了坦克的"动对动"射击。

基本参数

车长	9.4米
车宽	3.63米
车高	3.05米
车重	55吨
装甲	复合装甲
最大速度	48千米/小时
最大行程	500千米

■ 实战表现

"萨布拉"主战坦克从设计之初就定位于出口，因此除装备于以色列本国军队外，主要面向国际市场。2002年，以色列与土耳其签署了合同，"萨布拉"坦克被土耳其陆军使用，列入其坦克现代化计划的方案（"萨布拉"在土耳其服役时被称作M60T）。

"萨布拉"主战坦克

知识链接 >>

为了提高坦克的战场生存力,"萨布拉"坦克采用了"第三眼"红外激光报警器。当敌方的火控系统、制导系统和其他探测器发射的红外线或激光照射到"萨布拉"坦克时,它能自动向乘员发出告警,使乘员提前做出规避动作,以摆脱危险境地。而新式空气滤清器则能在核生化和多沙尘条件下,迅速把被污染的空气转换为合格气体供给发动机使用,所以非常适合在沙漠地区作战。

OLIFANT
"号角"系列主战坦克（南非）

■ 简要介绍

"号角"系列主战坦克是南非军方自1976年开始在英国"百夫长"坦克的基础上发展而来的南非自行制造的系列主战坦克，包括衍生型号"号角"ⅠA、ⅠB及"号角"Ⅱ型。

■ 研制历程

南非装甲部队的建立是从20世纪50年代购买英国"百夫长"坦克开始的。但是在和安哥拉等国的苏制坦克的同台较量中，"百夫长"在机动性上略逊一筹，于是南非军方大力改造，于1978年将新型坦克定型为"号角"ⅠA；之后又衍生出"号角"ⅠB和"号角"Ⅱ型（TDD）主战坦克。

"号角"的主武器，在ⅠA型时为南非特许生产的L7型105毫米口径火炮，到Ⅱ型时改为GT3型105毫米线膛炮。弹种有破甲弹、碎甲弹、曳光榴弹和尾翼稳定脱壳穿甲弹；火控系统为稳像式，包括炮长用三合一瞄准镜、数字式火控计算机、电动式炮控装置和各种传感器等。

该坦克车体侧面加装模块化的侧裙板，既提高了对破甲弹的防护能力，又可以阻挡风沙。为提高对地雷的防护能力，车体底甲板改用双层结构。

基本参数	
车长	9.83米
车宽	3.39米
车高	2.94米
车重	56吨
装甲	复合装甲
最大速度	45千米/小时
最大行程	500千米

■ 实战表现

1987年年末，在安哥拉东南部伦格奔古河谷，安哥拉政府军的72辆T-54/55坦克挥师南下，南非军队的几十辆"号角"ⅠA坦克也迅速北上，于是爆发了一场南部非洲的坦克战。经过36小时激战，南非军队攻陷帕尼克城，安哥拉政府军的62辆坦克被击毁或严重损毁，而"号角"坦克仅损失2辆，但均在现场修复后归队。这一仗使"号角"坦克获得了"无敌坦克"的称号。

▲ "号角"Ⅱ型坦克

知识链接 >>

"号角"ⅠB坦克炮塔尾部的储物舱可以当澡盆用。由于南非地处亚热带和热带，夏季炎热异常，有时又十分干燥，坦克乘员在野外受蚊虫叮咬，满身泥土很不舒服，因而"澡盆"设计一出现，就成为最受南非坦克兵欢迎的装置之一。"号角"ⅠB又被趣称为"带澡盆的主战坦克"。

EE-T1 主战坦克（巴西）

■ 简要介绍

EE-T1（又称"奥索里约"）主战坦克是巴西恩格萨公司为满足本国陆军需要并针对出口市场，于20世纪80年代中期研制的一种重量较轻的主战坦克。这一项目的成功，既在于巴西人精明的外部引进，更在于其强大的系统整合能力，体现了巴西多民族混合的包容性。

■ 研制历程

EE-T1"奥索里约"主战坦克于1983年年底开始研制，与一般的研制目的不同，该型坦克是先应对外贸出口，然后才考虑本国装备。生产商恩格萨公司为缩短研制周期和减少费用，首选经过验证的国外现成部件，然后实现部件国产化。

EE-T1"奥索里约"主战坦克的主要武器有3种：一是英国皇家兵工厂的L7A3式105毫米线膛炮；二是法国地面武器工业集团的120毫米滑膛炮；三是苏联的125毫米滑膛炮。主要弹药是105毫米和120毫米尾翼稳定脱壳穿甲弹。

其火控系统有2种：一种是集成式火控系统，包括带有激光测距仪的炮长/车长昼夜两用潜望式瞄准镜；另一种较为先进，以带有监视器的陀螺稳定周视热像潜望镜等，稳定火炮和瞄准镜，从而使坦克具备了行进间瞄准、射击的能力。

基本参数

车长	10.1米
车宽	3.26米
车高	2.89米
车重	35吨
装甲	复合装甲
最大速度	67千米/小时
最大行程	530千米

■ 最终命运

1989年8月，沙特阿拉伯正式宣布将采用EE-T1"奥索里约"坦克，欲采购320辆，合计开销为72亿美金。但是后来沙特最终购买了美制最新型的M1A2"艾布拉姆斯"主战坦克。虽然巴西政府还想继续支持"奥索里约"坦克的发展，但其债务却是难以负担的。1993年，恩格萨公司因负债而申请破产。

▲ EE-T1 主战坦克

知识链接 >>

巴西恩格萨特种工业工程公司成立于1963年,最初仅从事翻修巴西陆军M-5轻型坦克的业务,但随着在坦克大修中经验的不断积累,很快便开始尝试向自主研发领域大胆转型。1970年,该公司首批自主研发的EE-9"响尾蛇"轮式装甲侦察车与EE-11"乌鲁图"轮式装甲人员输送车,在世界军火市场上大获成功,从而使恩格萨一举跻身世界主要地面战斗车辆生产商的行列。

ARJUN
"阿琼"主战坦克（印度）

■ 简要介绍

"阿琼"主战坦克是印度政府于1974年与"豹"Ⅱ主战坦克制造商等多家德国公司合作研发的印度第一种现代化主战坦克。"阿琼"主战坦克因有德国公司参与设计，所以，其外观与早期的德制"豹"Ⅱ主战坦克十分相似，特别是方正形的炮塔。

■ 研制历程

1974年3月，印度政府正式批准了"阿琼"的研制计划，到1984年3月，制成了首批的2辆样车，并于次年3月迫不及待地将其公开展出。实际上，未经试验的该型坦克的各子系统之间是难以匹配的。

1988年8月，印度对"阿琼"进行了第一次广泛的技术试验，结果发现了很多严重的技术问题。在1994年和1995年的试验中，"阿琼"仍无法满足已经降低的使用要求和战术技术指标。在军方的试验报告中，"阿琼"坦克竟被判定为"不适宜上战场"。

基本参数

车长	10.19米
车宽	3.85米
车高	2.32米
车重	58.5吨
装甲	复合装甲
最大速度	72千米/小时
最大行程	400千米

■ 作战性能

印度军方预期，"阿琼"坦克的主要作战地域是西部沙漠地带。因此，坦克的机动能力至关重要。印度原本想用国内制造的12缸风冷柴油发动机，结果产品研制了10余年无法过关，"阿琼"只好换上德国MTU公司制造的柴油发动机。由于订货时没有提出在印度使用的特定条件，1988年7月进行沙漠试车时，德国发动机也出现了故障。

知识链接 >>

"阿琼"主战坦克采用常规炮塔式结构，有4名乘员，武器安装在炮塔上，动力装置在车体后部。该坦克适合在印度次大陆炎热而又潮湿的气候条件下使用，在仔细研究了1965—1971年的印巴战争实战经验的基础上，采用了许多非常规的解决方案。

▲ "阿琼"主战坦克

PL-01 隐形坦克（波兰）

■ 简要介绍

PL-01 隐形坦克是波兰和英国联合研制的全世界第一款隐形坦克。全车采用了多种高新技术，对抗声、光、热等侦察手段，减小了坦克被发现的概率。

■ 研制历程

PL-01 隐形坦克可以随意改变自己的红外特征，比如说把自己从坦克变成一辆小轿车。如果这种技术能够成熟应用，必将引发新一轮陆战革命。

英国 BAE 系统公司专为这款坦克设计了神秘的自适应红外隐身装甲，它由两部分组成：一是暗藏在车体各部的红外摄像头；二是覆盖在坦克外壳上的瓦片装甲，其表面温度能够调节。

自适应红外防御系统还可用来敌我识别，即可以通过热电面板向各个方向发射敌我识别信号。它还采用了主动防护系统，该系统由探测设备和拦截发射器构成，其中探测系统位于 PL-01 坦克的炮塔上 4 个方位角上，分别安装有 4 具平板相控阵雷达，以确保对车体外部进行 360°监视。

基本参数

车长	10.1米
车宽	3.26米
车高	2.89米
车重	35吨
装甲	复合装甲
最大速度	67千米/小时
最大行程	530千米

■ 作战性能

PL-01 可实时调节坦克壳体以及周围环境的温度，基本可以做到与背景的温度相当，实现红外隐身，并模拟出其他车辆的红外信号。在该系统工作时，车载传感器可捕获坦克周围的环境参数，比如温度、湿度等，计算出坦克壳体需要保持多高温度才能与周围环境"融为一体"，同时对车辆外壳温度进行调节，士兵只要触碰一个按钮就可以实现"隐身"。

知识链接 >>

　　这款坦克的外形不是一般的"科幻",不过对于"隐身坦克"的实用价值、战斗力等还需要实践检验。坦克作为比较容易损耗的地面装备,采用如此"革命性"的技术,其成本与作战效费比如何,其技术能否达到预想效果,波兰陆军是否有勇气投下巨资来"吃螃蟹",还有待观察。

▲ PL-01 隐形坦克

图书在版编目（CIP）数据

坦克 / 张学亮编著 . — 沈阳 : 辽宁美术出版社，
2022.3
（军迷·武器爱好者丛书）
ISBN 978-7-5314-9076-0

Ⅰ . ①坦… Ⅱ . ①张… Ⅲ . ①坦克—世界—通俗读物
Ⅳ . ① E923.1-49

中国版本图书馆 CIP 数据核字 (2021) 第 221664 号

出 版 者：	辽宁美术出版社
地　　址：	沈阳市和平区民族北街29号　邮编：110001
发 行 者：	辽宁美术出版社
印 刷 者：	汇昌印刷（天津）有限公司
开　　本：	889mm×1194mm　1/16
印　　张：	14
字　　数：	220千字
出版时间：	2022年3月第1版
印刷时间：	2022年3月第1次印刷
责任编辑：	张　玥
版式设计：	吕　辉
责任校对：	李　昂
书　　号：	ISBN 978-7-5314-9076-0
定　　价：	99.00元

邮购部电话：024-83833008
E-mail：53490914@qq.com
http：//www.lnmscbs.cn
图书如有印装质量问题请与出版部联系调换
出版部电话：024-23835227